U0811990

大学计算机基础实验教程

主　编　王　勇　何　明

副主编　李　辉　陈希亮
　　　　杨　壹　王梅娟

东南大学出版社
SOUTHEAST UNIVERSITY PRESS
·南　京·

内容简介

本书根据教育部计算机课程教学指导委员会制定的教学要求编写，主要介绍了 Office2016 办公软件、Access 数据库软件、图形与视频处理软件和网页制作软件的应用。每章后面均配有综合实验。为了适应新时代对学生编程能力的要求，本书增加了 Python 程序设计基础的章节，并配有单元实验以方便学生练习。

本书适合于大学低年级学生使用，可作为高等学校计算机基础课实验教材，也可作为其他人员的自学参考用书或培训用书。

图书在版编目（CIP）数据

大学计算机基础实验教程 / 王勇，何明主编. -- 南京 ：东南大学出版社，2018.8
ISBN 978-7-5641-7839-0

Ⅰ. ①大… Ⅱ. ①王… ②何… Ⅲ. ①电子计算机-高等学校-教材 Ⅳ. ①TP3

中国版本图书馆CIP数据核字(2018)第140927号

大学计算机基础实验教程

出版发行 东南大学出版社
社　　址 南京市玄武区四牌楼 2 号（邮编：210096）
出 版 人 江建中
责任编辑 姜晓乐
经　　销 全国各地新华书店
印　　刷 南京京新印刷有限公司
开　　本 787mm × 1092mm　1/16
印　　张 12.25
字　　数 306 千字
版　　次 2018 年 8 月第 1 版
印　　次 2018 年 8 月第 1 次印刷
书　　号 ISBN 978-7-5641-7839-0
定　　价 35.00 元

东大版图书若有印装质量问题，请直接与营销部联系。电话（传真）：025-83791830

前言

“大学计算机基础”是高等院校开设范围最广的一门公共基础课，同时它又是一门侧重培养学生操作技能的课程。随着计算机学科的迅速发展和计算机软硬件的不断更新换代，计算机基础课程的教学内容也必须随之不断更新，需要在注重实际操作技能和应用能力培养的同时，使学生通过实践深化对计算机基础理论的理解。本书的目的在于引导学生进行计算机基础的学习与实践，结合高等院校低年级学生的计算机基础知识和能力特点，在每一章先采用浅显易懂的语言介绍一些必要知识，然后图文并茂地介绍软件的操作流程，最后通过典型的实践任务引导学生进行学习与实践，为后续课程的学习打下坚实基础。

本书根据教育部计算机课程教学指导委员会制定的教学要求以及军队院校改革对培养新型军事技术人才的诉求，结合编者多年来的教学经验，精心组织教材内容，合理设计理论提示与实验环节。

全书共分八章，主要介绍了Office2016办公软件、Access数据库软件、图形与视频处理软件、网页制作软件的应用和Python程序设计基础。本书适合于各类专业的学生使用，建议作为大学计算机基础课程的实验辅导教材。

本书由王勇、何明主编，具体分工如下：王勇编写第1、2章，何明编写第3、4章，李辉编写第5章、陈希亮编写第6章、杨壹编写第7章、王梅娟编写第8章。陆军工程大学祝朝政，河海大学江宁校区杨晟，河海大学常州校区黄江涛、刘强也参与了书稿编写，特此致谢。本书在编写过程中得到了许多教师的帮助和支持，并提出了许多宝贵意见和建议，在此表示诚挚的感谢！

由于时间仓促和作者的水平限制等因素，本书中的内容难免有不完善之处，敬请广大读者谅解，并诚挚地欢迎读者提出宝贵建议。

编者

2018年7月

目 录

第 1 章　文档的处理

1. 1　常用文档处理软件介绍

1. 1. 1　Microsoft Word

Microsoft Word 是微软（Microsoft）公司旗下的一个文字处理应用程序。最初是由 Richard Brodie 为了运行 DOS 的 IBM 计算机而在 1983 年编写的。后续的版本可在苹果公司的 Macintosh（1984 年）、SCO UNIX 以及微软公司的 Windows（1989 年）等操作系统上运行。最终成了 Microsoft Office 的一部分。

Word 致力于成为一款专业文档编辑工具，协助用户节省工夫，并得到优雅美观的文档效果。

多年以来，Microsoft 的 Word 都是最流行的文字处理软件，它是 Office 套件的核心程序，提供许多易用的工具用于创建简单文档，也提供多种功能集以创建复杂文档。即使少许使用 Word 中的文本格式化或图片处理工具，也能让文档变得比纯文本更具吸引力。

Microsoft Word 是目前占有最大优势的文字处理程序，这也让 Word 专用的文件格式成为最通用的标准。Word 文件格式的详细资料并不对外公开，且不止一种，随着 Word 软件版本的更新，文件格式也会改版，新版的格式不一定能被旧版的程序读取。

1. 1. 2　WPS Office

WPS（Word Processing System，文字编辑系统）是金山软件公司开发的一款办公软件，可以实现办公软件最常用的文字、表格、演示等多种功能，具有内存占用低、运行速度快等优点。WPS 最初出现于 1989 年，在微软 Windows 系统出现以前、DOS 系统盛行的年代，WPS 曾是中国最流行的文字处理软件。

1. 2　Word 工作界面介绍

1. 2. 1　Word 工作界面简介

（1）Word 工作界面的窗口组成

Word 2016 的工作界面主要由快速访问工具栏、标题栏、功能区、文档编辑区、状态栏等部分组成。

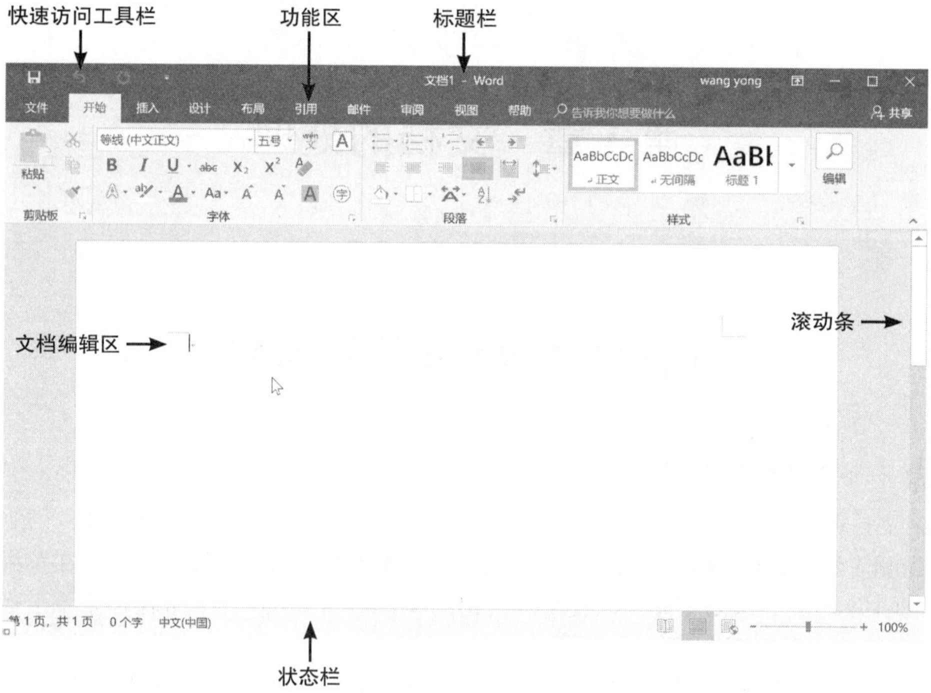

图 1–1　Word 2016 界面

（2）标题栏

主要用于显示当前软件名字、文档文件名及该文档的格式，最右方依次排列 Microsoft 的标准功能按钮：“最小化”“还原”和“关闭”（图 1–2）。

图 1–2　标题栏

（3）快速访问工具栏

快速访问工具栏主要提供一些常用命令的访问捷径，依次是“保存”“撤销”和“恢复”按钮。点击快速访问工具栏最右端的“下拉”按钮，可以个性化添加其他常用命令（图 1–3）。

图 1–3　快速访问工具栏

（4）功能区

功能区主要包括“开始”“插入”“设计”“布局”“引用”“邮件”“审阅”和“视图”等选项卡，以及工作时需要用到的命令，是 Word 软件中常用的界面（图 1–4）。

图 1–4　功能区

（5）“文件”按钮

“文件”按钮提供管理 Word 文件的菜单，位于 Word 2016 窗口左上角。其中包括“信息”“新建”“打开”“保存”“打印”“共享”和“关闭”等常用命令（图 1–5）。

图 1–5　“文件”按钮

（6）文档编辑区

用于输入和编辑文本、图表等。

（7）滚动条

包含垂直滚动与水平滚动，可快速移动文档内容，方便浏览文档各页所显示内容。

1. 2. 2　Word 文档的视图模式

Word 视图共计有 5 种模式：阅读视图、页面视图、Web 版式视图、大纲视图、草稿视图（图 1–6）。

图 1–6　视图栏

这 5 种视图模式之间相互转换的方式为：

（1）阅读视图转换到页面视图：按“ESC”键即可退出；

（2）其他模式（除阅读模式）转换到页面视图：用鼠标点击“页面视图”按钮。

1. 3　Word 文档的基本操作

1. 3. 1　新建 Word 文档

在 Word 界面中，若要新建一个 Word 文档，有两种方法：

方法 1：点击左上角的【文件】按钮，在下拉列表中点击【新建】选项。

方法 2：点击【新建】命令快捷键“Ctrl+N”。

1. 3. 2　保存 Word 文档

若要保存已编辑好的 Word 文档，可以进行以下操作：

① 单击【文件】选项卡中的【保存】或【另存为】选项。

② 双击“这台电脑”，选择该文档保存的位置。

③ 用户可以自定义文档的名称。

④ 选择文档类型，默认为 .docx。

⑤ 点击“保存”按钮，完成对 Word 文档的保存。

“保存”和“另存为”的区别

【另存为】可在原有文件不变的情况下让用户选择修改后新文件的存放位置，并且可以修改新文件的名字；

【保存】是让修改的内容覆盖原文件的内容，不改变文件的名字和存放位置。

1. 3. 3 打开和关闭 Word 文档

（1）打开文档

方法 1：点击【文件】按钮，在列表中点击【打开】选项卡，在弹出的【打开】对话框中选择要打开的文件。

方法 2：按【打开】命令的快捷键“Ctrl+O”。

（2）关闭文档

方法 1：点击【文件】按钮，在列表中点击【关闭】选项。

方法 2：按关闭命令快捷键“Alt+F4”。

方法 3：单击窗口右上角的“×”。

1. 4 字符格式的设置

在 Word 中，字符是指作为文本输入的字母、数字、汉字、标点符号以及特殊符号等。字符的格式包括字体、字号、字形、颜色及特殊的阴影、空心字等修饰效果。字符是文档格式化的最小单位，其格式决定了字符在屏幕上的显示和打印形式。

1. 4. 1 设置字体、字形、字号和颜色

Word 文档中可以使用的字体取决于打印机提供的字体和计算机装入的字体文件。不同的字体有不同的外观形状，一些字体还带有自己的符号集。Word 默认以宋体五号字为中文字符格式，英文字体则以 Times New Roman（新罗马）为默认格式。

设置文字格式有两种方法：

方法 1：使用【开始】选项卡【字体】组中的“字体”“字号”各功能按钮设置文字格式，如图 1–7 所示。

方法 2：点击【字体】组右下角的按钮，在弹出的“字体”对话框中设置文字格式。

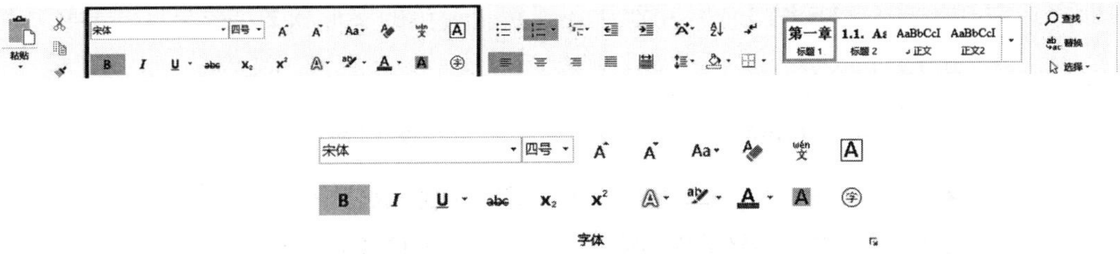

图 1–7　“字体”操作框的位置图

（1）快速设置

选定要修改的文本，可通过以下功能对文字格式进行设置。

- 字体：用于选定文本字体。
- 字号：用于选定文本字号。
- “增大字体”、“缩小字体”：分别用于增大和缩小选定字符的字号。
- “清除格式”：用于清除所选字符的格式，只保留纯文本。
- “拼音指南”：用于标注拼音字符以明确发音。
- “字符边框”：用于在一组字符或句子等文本周围添加边框。
- “加粗”：用于使选定文本笔画加粗。
- “倾斜”：用于使选定文本向右倾斜。
- “下划线”：用于为选定文本添加下划线。单击按钮右侧的下拉按钮可在弹出的菜单中选择下划线的线型和颜色。
- “删除线”：用于在选定文本的中间画一条线表示删除文本。
- “下标”、“上标”：分别用于在文字基线下方和文本行上方创建小字符。
- “更改大小写”：用于将所选的所有文字更改为全部大写、全部小写或者其他常见的大小写形式。
- “突出显示”：用于使选定文本带有背景色以使其突出显示。如果没有事先选定文本，单击此按钮后指针形状为状，用鼠标在所需文本上拖过即可突出显示这些文本。单击按钮右侧的下拉按钮可在弹出的菜单中选择其他的背景色。
- “字体颜色”：用于改变选定文本的颜色。单击按钮右侧的下拉按钮可在弹出的菜单中选择不同的颜色。
- “字符底纹”：用于为选定文本添加底纹背景。
- “带圈字符”：用于在字符周围添加圆圈或边框加以强调。

此外，Word 2016 还提供了一个相当智能的格式工具栏，当用户选中文档中的任意文字松开鼠标后，选中区域的右上角就会显示一个半透明的浮动工具栏，其中包含了字体、字号、对齐方式、字体颜色等格式设置工具。用鼠标指向它即可正常显示，如图 1–8 所示。

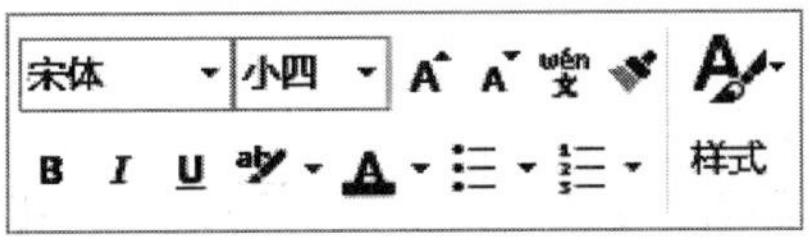

图 1–8　浮动格式工具栏

除此以外,【开始】选项卡的【字体】组中还能编辑简单的字形和文字效果。图 1-9 列举了几种字体、字号和字形的效果。

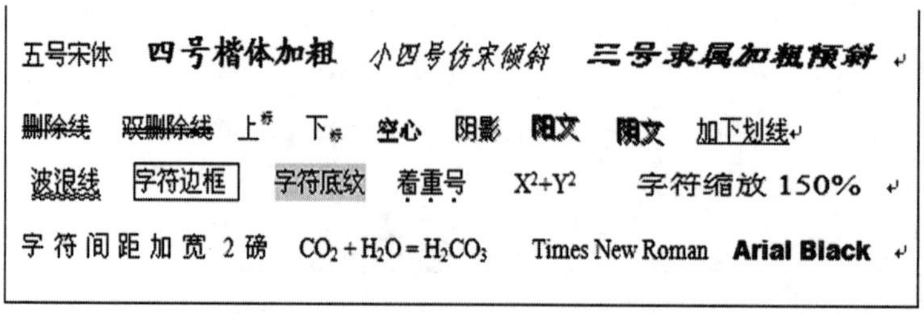

图 1-9 字体、字号、字形及效果示例

(2)对话框设置

单击【开始】选项卡【字体】组右下角的按钮,弹出“字体”对话框,如图 1-10 所示。选定【字体】选项卡设置字体格式,在预览框中查看字体效果。单击“确定”按钮确认修改。

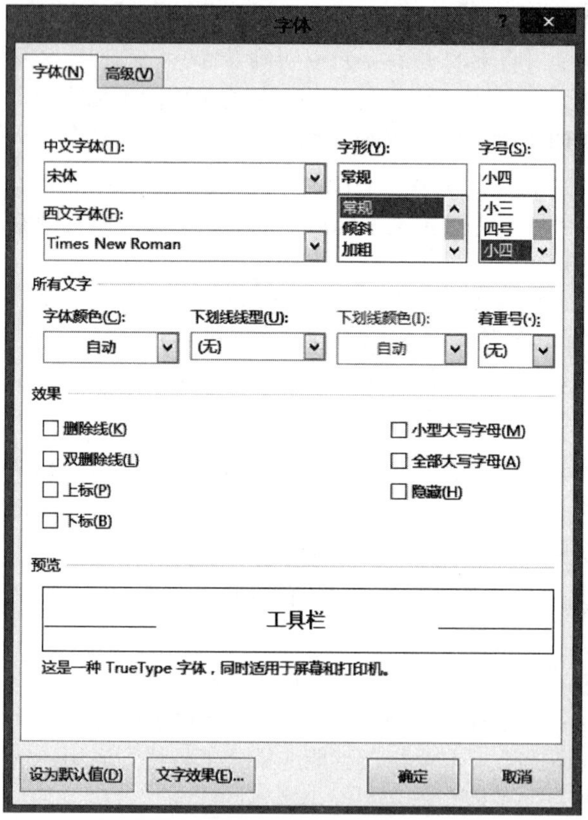

图 1-10 “字体”对话框

1. 4. 2 改变字符间距

在“字体”对话框中,可以调整字符间距、字符缩放比例和字符位置,提高文档的可读性。具体操作方法如下:

（1）选中要调整的文本。

（2）单击【开始】选项卡【字体】组右下角的按钮，弹出“字体”对话框。

（3）单击【高级】选项卡，如图 1–11 所示，选项卡中各主要选项功能如下：

①“缩放”：用于扩展或压缩所选文本。

②“间距”：用于设置相邻两段文本之间的距离。有“标准”“加宽”和“紧缩”3 种选择。当选择了后两个选项后，还可在其右侧的“磅值”文本框中指定相应的值。

③“位置”：用于指定字符位置。有“标准”“降低”和“提升”三种选择。当选择了后两个选项后，还可在其右侧的“磅值”文本框中指定相应的值。

图 1–11　【高级】选项卡

1. 4. 3　添加边框和底纹

边框是围在段落或文本四周的框（不一定是封闭的）；底纹是指用背景颜色填充一个段落或部分文本。使用按钮给文本添加下划线、边框和底纹的方法都有个缺点，那就是设置的下划线、边框、底纹缺少线型和颜色的变化，比较单一。【开始】选项卡【段落】组“边框和底纹”下拉菜单中的功能更优。操作步骤如下：

（1）选定要修改的文本。

（2）单击【开始】选项卡【段落】组“边框”按钮下拉菜单中的“边框和底纹”选项，打开如图 1–12 所示的“边框和底纹”对话框。

（3）在【边框】选项卡的“设置”“样式”“颜色”和“宽度”等列表框中调整参数。

（4）在“应用于”列表框中选择“文字”。

（5）在预览框中查看修改效果，单击“确定”按钮确认修改。

（6）单击【底纹】选项卡进行类似操作。

底纹和边框的效果可以单独或同时作用在文本上。

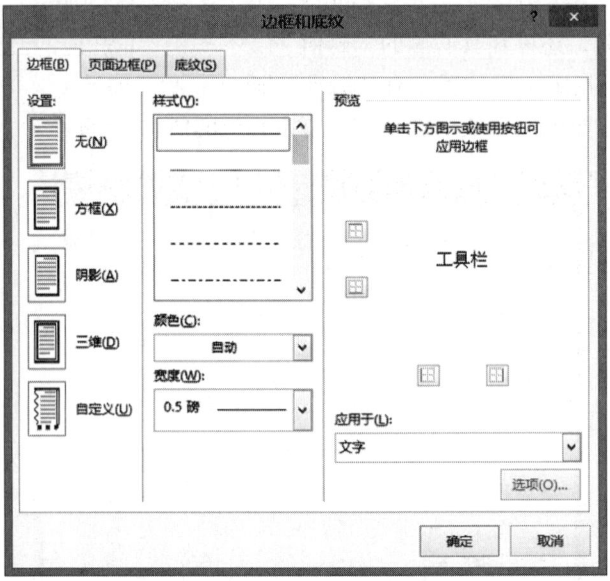

图 1–12 “边框和底纹”对话框

1. 4. 4 格式的复制和清除

可将一部分文字设置的格式复制到另一部分文字上并覆盖后者的原有格式，也可以消除设置好的格式。

（1）格式的复制

① 框选已格式化的文本。

② 单点【开始】选项卡【剪贴板】组中的“格式刷”按钮，鼠标指针变为刷子形，代表此时处于格式刷状态。

③ 在要复制格式的文本的开始处单击并长按鼠标左键，拖动“格式刷”到要复制格式的文本的结束处松开。

注意：这样使用格式刷是一次性的。双击“格式刷”按钮可多次使用。如果要取消“格式刷”功能，只需再次单击“格式刷”按钮或按“Esc”键。

（2）格式的清除

如果清除文本已设置的格式，则会恢复到 Word 默认状态。

逆向使用格式刷可以清除所编辑的格式，即将 Word 默认的格式覆盖在已设置格式的文本上。

使用键盘快捷键清除文本格式的操作步骤如下：

① 拖动鼠标框选要清除格式的文本。

② 按下“Ctrl + Shift + Z”键即可完成文本格式的清除。

1. 5　段落格式的设置

要使一篇文章简洁、美观，除了合理设置文字格式外，同样重要的是恰当编排段落。段落指的是一段以段落标记为结束标记的文本。每按下一次“Enter”键段落标记就插入一个。如果删除段落标记，那么该标记后面的一段文本就与标记前的一段文本相接，成为前一段文本的一部分，格式设置也与前一段的同步。段落格式的设置主要有段落的对齐方式、缩进、行距、段落间距等。在设置某一段落的格式时，只需在此段落中任意一处单击左键即可。如果要同时对多个段落进行设置，则应框选这些段落。简单的段落格式可以使用标尺和【开始】选项卡【段落】组中的按钮进行设置，如果要设置得更精细，则需要使用“段落”对话框，如图 1–13 所示。其中包含【缩进和间距】、【换行和分页】和【中文版式】3 个选项卡，功能分别如下。

（1）“缩进和间距”：设置段落的对齐方式、段落文本的大纲级别、段落的缩进方式及段落间距等。

（2）“换行和分页”：用于设置换行和分页，包括“孤行控制”“与下段同页”“段中不分页”“段前分页”4 个分页选项，“取消行号”和“取消断字”两个格式设置例外项，以及文本框的环绕方式选项。

（3）“中文版式”：用于设置换行、字符间距和文本对齐方式，包括“按中文习惯控制首尾字符”“允许西文在单词中间换行”和“允许标点溢出边界”3 个换行选项；“允许行首标点压缩”“自动调整中文与西文的间距”“自动调整中文与数字的间距”3 个字符间距选项以及文本对齐方式选项。

图 1–13　“段落”对话框

1.5.1 段落的对齐方式

段落有5种对齐设置，分别是“左对齐”“居中”“右对齐”“两端对齐”和“分散对齐”。系统默认设置为两端对齐方式。设置段落对齐的方法有如下3种。

方法1：选定要修改对齐方式的段落，单击【开始】选项卡【段落】组中的对齐按钮。

方法2：在“段落”对话框进行如下操作：

① 选定要修改设置的段落。

② 单击【开始】选项卡【段落】组右下角的按钮，打开“段落”对话框，如图1–13所示。

③ 在【缩进和间距】选项卡的“常规”组中单击“对齐方式”列表框的下拉箭头按钮，选定相应的对齐方式。修改后的效果在预览框中查看，单击“确定”按钮完成修改。

方法3：用快捷键设置。用快捷键可以对选定的段落实现对齐方式的快速设置，具体的按键功能如表1–1所示。

表1–1 设置段落对齐方式的快捷键

快捷键	作用	快捷键	作用
Ctrl + J	使选定的段落两端对齐	Ctrl + E	使选定的段落居中对齐
Ctrl + L	使选定的段落左对齐	Ctrl + Shift + J	使选定的段落分散对齐
Ctrl + R	使选定的段落右对齐		

1.5.2 段落缩进

段落缩进是指第1个字符距正文边缘之间的距离。可利用段落缩进使文档中的某一段落相对于其他段落偏移一定的距离。缩进分左缩进、右缩进、首行缩进和悬挂缩进4种。设置段落缩进的方法有如下两种。

方法1：单击【开始】选项卡【段落】组中的“减少缩进量”按钮或“增加缩进量”按钮可对应缩进或增加段落的左边界，由于单位缩进量是固定的，因此这种方法的灵活性较差。

方法2：使用“段落”对话框，在【开始】选项卡中单击【段落】组右下角的按钮，打开“段落”对话框，如图1–13所示，在“缩进和间距”选项卡的“缩进”栏中可设置左侧缩进和右侧缩进的具体字符数。

1.5.3 行间距与段间距的设定

通常初学者使用“Enter”键插入空行以达到增加段间距或行距的效果，这是一种简略方法。实际在Word中，可以用“段落”对话框准确修改段和行的间距，使得文本间距既可控又美观。

（1）设置段间距

例如，要设置示例文档第一段（标题段）段前和段后的间距为18磅，以突出标题，则具体操作步骤如下：

① 选定要修改段间距的段落。

② 在【开始】选项卡中单击【段落】组右下角的按钮，打开“段落”对话框。如图1–13所示。

③ 在【缩进和间距】选项卡“间距”组的“段前”和“段后”文本框中分别键入“18”。“段前”框中的值即所选段落与上一段的间距；“段后”框中的值表示所选段落与下一段之间的距离。设置前后的效果如图 1–14 所示。

第一章 Word2016 概述

Word 2016 作为 Office2016 的重要组件之一，在人们日常办公应用中占有重要的地位。是目前国际上最优秀的最普及的文字处理软件之一，它充分利用 Windows 图形界面的优势，基本操作和使用方法简单，功能强大，具有丰富的文字处理功能；图、文、表格并茂；提供菜单和图标操作方式。易学易用。

（a） 设置前

第一章 Word2016 概述

Word 2016 作为 Office2016 的重要组件之一，在人们日常办公应用中占有重要的地位。是目前国际上最优秀的最普及的文字处理软件之一，它充分利用 Windows 图形界面的优势，基本操作和使用方法简单，功能强大，具有丰富的文字处理功能；图、文、表格并茂；提供菜单和图标操作方式。易学易用。

（b） 设置后

图 1–14　设置段间距前后的对比

④ 查看预览框，单击“确定”按钮确认修改。

（2）设置行间距

一般情况下，Word 会根据字体的大小自动调节段内行距。但有时为了使内容不满一页的页面显得饱满、美观，可以适当增加字间距和行间距；有时键入的内容稍稍超过了一页，可以适当减小行距以节省纸张。其操作步骤如下：

① 选定要设置行距的段落，打开“段落”对话框。

② 单击“行距”列表框下拉箭头按钮，根据需要选择行距选项。

各行距选项的含义如下：

● “单倍行距”是 Word 的默认值。该选项设置每行的高度可容纳这行中最大的字体，并上下留有适当的空隙。

● “1.5 倍行距”选项设置最大字体高度的 1.5 倍为每行行高。

● “2 倍行距”选项设置最大字体高度的 2 倍为每行行高。

● “最小值”选项可自动调整高度以容纳最大字体。

● “固定值”选项将行距固定成所设值，Word 不能自动调节。

● “多倍行距”选项允许设置带小数的倍数为行距值，如 1.25 倍等。

只有“最小值”“固定值”“多倍行距”3 个选项可在“设置值”框中键入所需的值。

③ 预览效果后，单击“确定”按钮确认修改。

1. 5. 4　项目符号、编号和多级编号

项目符号是指在各项的前面加上的符号，编号是指在各项前加上的顺序号码。有时为了提

高文档的可读性，要在某些段落前加上编号或符号，但是手动输入段落符号或编号效率低，而且在增、删段落时还需按序重新编号，容易出错。其实在 Word 中，不仅能在键入段落时自动设置段落编号或项目符号，也能给已键入的各段落添加项目符号或编号。

（1）键入文本时自动创建编号或项目符号

在键入文本时自动创建项目符号的方法是：在行首键入一个星号“*”，再键入一个空格，然后键入文本，最后按“Enter”键，星号会自动变成黑色圆点的项目符号，并且自动添加到每个新段的开始处。结束自动添加项目符号的方法是：先按“Enter”键开始一个新段落，再按“Backspace”键删除光标前为该段自动添加的项目符号。

自动设置段落编号的操作如下：在键入段落文本时，先在行首键入一个数字或者一个字母，加上一个右括号、顿号或圆点，再加上一个空格（例如：“1.”“（1）”“一、”“第一、”“A.”），然后输入文本内容，在按“Enter”键开始新段落时，在新段落的段首就会根据上一段落的编号格式自动设置编号，可以对键入的各段落建立连续的段落编号。如果要结束自动编号，那么按“Enter”键开始一个新段后，再按“Backspace”键删除光标前面的编号即可。在这些自动建立编号的段落中，删除或插入某一段落时，其余的段落编号会自动修改，不必人工干预。

（2）为已键入的段落添加编号或项目符号

具体的操作步骤如下：

① 选定要添加项目符号或段落编号的段落。

② 单击【开始】选项卡【段落】组中的“项目符号”或“编号”按钮。也可使用快捷菜单中的“项目符号”和“编号”命令打开如图 1–15 及图 1–16 所示的提示框，给已键入的段落添加编号或项目符号。

图 1–15　项目符号框

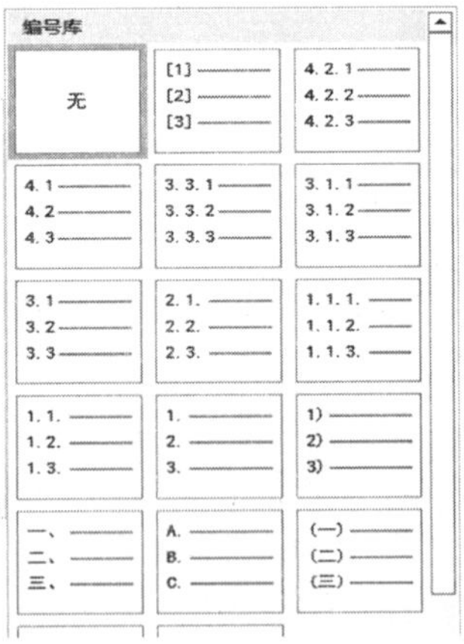

图 1–16　编号格式框

除此以外，用户还可以自定义项目编号或符号：单击“自定义新项目符号”命令或“自定义新编号格式”命令即可。

（3）添加多级编号

多级列表按钮用于创建多级列表，可清晰地表明各段落的层次关系。创建多级列表时，必须先确定多级格式，然后键入内容，再使用“减少缩进量”按钮和“增加缩进量”按钮来确定层次关系。

如图 1–17 所示为项目符号、编号和多级编号的设置效果。

编号	项目符号	多级编号
1） 编号设置	编号设置	1 编号设置
2） 项目符号	项目符号	1.1 项目符号
3） 多级编号	多级编号	1.1.1 多级编号

图 1–17　项目符号、编号和多级编号的设置效果

1. 5. 5　制表位的设定

Word 2016 提供了灵活的制表功能，可以方便地用制表位产生制表信息。使用制表位能够向左、居中、向右、依照竖线字符或小数点字符对齐文本。

设置制表位的方法如下：

方法 1：利用标尺，在水平标尺上单击要插入制表位的位置。

方法 2：利用对话框。

① 将光标置于要设置制表位的段落。

② 单击【开始】选项卡【段落】组右下角的按钮，打开“段落”对话框。点击对话框左下角的“制表位”按钮，打开“制表位”对话框，如图 1–18 所示。

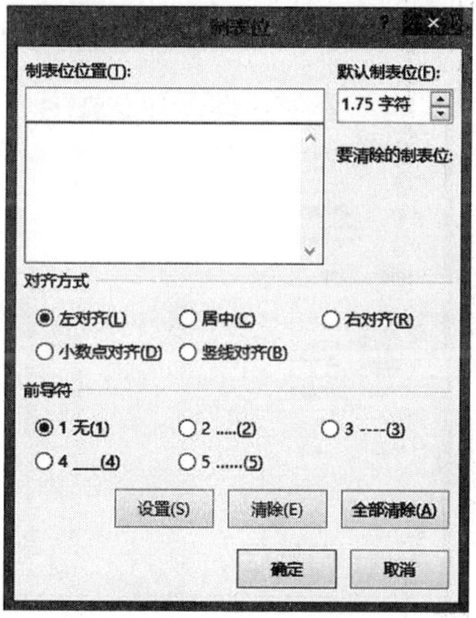

图 1–18　“制表位”对话框

③ 在“制表位位置”文本框中键入具体的位置。

④ 在“对齐方式”组中单击某一种对齐方式单选框。

⑤ 在“前导符”组中选择一种前导符。

⑥ 单击“设置”按钮。

重复步骤③～⑥，可以设置多个制表位。

若要删除某个制表位，可以在“制表位位置”文本框中选定要清除的制表位位置，单击“清除”按钮。单击“全部清除”按钮可以一次性清除所有已设置的制表位。

Word 中还能够设置带前导符的制表位，这一功能对目录排版很有用，如图 1–19 所示。

3.4 图文混排..105

3.4.1 插入图片..105

3.4.2 绘制图形..108

3.4.3 艺术字..111

3.4.4 文本框的使用..112

3.5 表格制作..115

图 1–19 带前导符的制表位应用示例

1.6 页面格式的设置

页面排版决定了文档的整体外观和输出效果，Word 2016 在建立新文档时，已经默认设置了纸张的方向、页边距等选项，但是，根据制作的文档类型不同，所需要的页面参数也不一样，用户可以在“页面布局”选项卡中设置文档的页面格式。页面排版格式主要包括页面、页眉和页脚、特殊格式设置（例如分栏、首字下沉等）。

1.6.1 页面设置

页面设置包括设置纸张的大小、页边距、页眉和页脚的位置、每页容纳的行数和每行容纳的字数等。当新建一个文档时，Word 有默认设置。用户也可以根据需要自行设置：使用【布局】选项卡【页面设置】组中的工具或在“页面设置”对话框中进行操作，如图 1–20 所示。

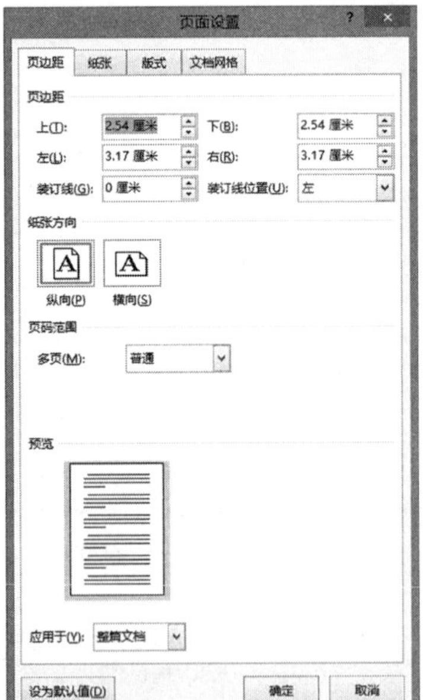

图 1–20 “页面设置”对话框

"页面设置"对话框中有"页边距""纸张""版式""文档网格"4 组选项，其具体功能如下：

（1）"页边距"：用于设置纸张四边与文档内容之间的距离。通常正文显示在页边距以内，包括尾注和脚注，而页眉和页脚显示在页边距上。页边距包括"上边距""下边距""左边距"和"右边距"。在设置页边距的同时，还可以设置装订线的位置，选择打印方向等。

（2）"纸张"：用于选择打印纸的大小。一般默认值为 A4 纸。如果当前使用的纸张为特殊规格，可以选择"自定义大小"选项，并通过"高度"和"宽度"文本框定义纸张的大小。

（3）"版式"：用于设置页脚和页眉的特殊选项，如首页不同、奇偶页不同、垂直对齐方式和与页边界的距离等。

（4）"文档网络"：用于设置每页容纳的行数和每行容纳的字数，文字打印方向，行、列网格线是否要打印等。

通常，页面设置作用于整个文档，如果要只对部分文档进行页面设置，应在"页面设置"对话框左下角的"应用于"下拉列表中选择范围。

1. 6. 2　分页设置

Word 具有自动分页的功能，也就说，当键入的文本或插入的图形满一页时，Word 会自动分页，当编辑排版后，Word 会根据情况自动调整分页的位置。有时为了使文档的某一部分内容单独形成一页，可以插入分页符进行强制人工分页。插入分页符的步骤如下：

（1）将光标移到新的一页的开始位置。

（2）按"Ctrl+Enter"键。

在普通视图下，人工分页符是水平虚线。将光标移到人工分页符的水平虚线中，按"Delete"键可删除分页符。

1. 6. 3　设置页码

如果希望在每页文档的打印件中插入页码，可以使用【插入】选项卡【页眉和页脚】组中的"页码"按钮。具体操作如下：

（1）单击【插入】选项卡【页眉和页脚】组中的"页码"按钮，打开"页码"菜单，如图 1–21 所示。根据需要选择合适的命令。

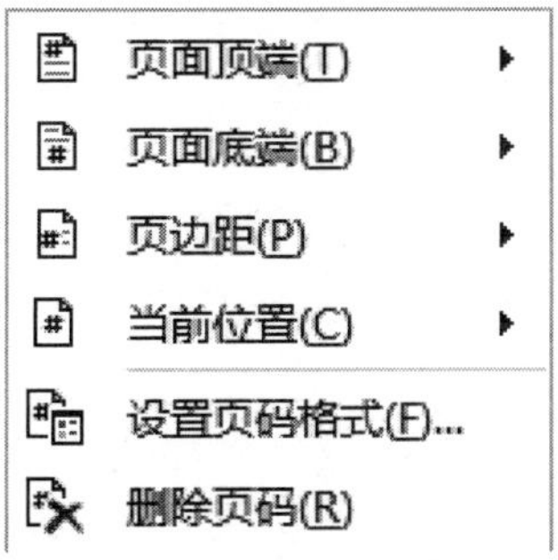

图 1–21　"页码"菜单项

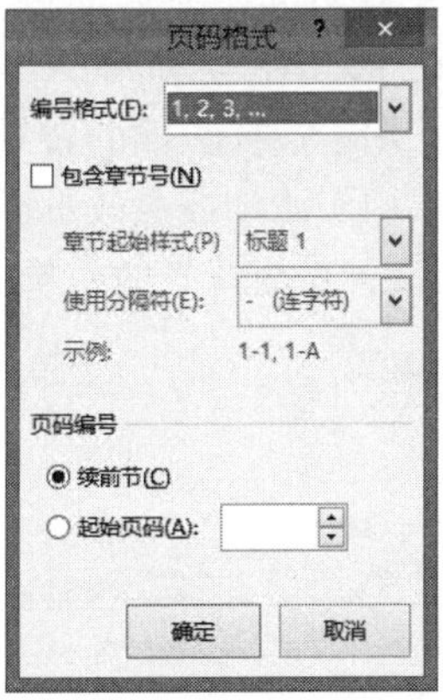

图 1–22　"页码格式"对话框

（2）如果要更改页码的格式，可以单击“页码”菜单中的“设置页码格式”命令，打开“页码格式”对话框，如图 1–22 所示。

（3）查看预览框，确认后单击“确定”按钮。

只有在页面视图和打印预览方式下才可以看到插入的页码，在普通视图和大纲视图下看不到页码。在大纲视图或 Web 版式视图中，“页码”命令不可选。在普通视图中可以添加页码，但看不到。在页面视图中两者均可。

1.6.4　页眉和页脚

页眉和页脚常用于打印文档，页眉出现在每页的顶端，打印在上页边距中；而页脚出现在每页的底端，打印在下页边距中。在页脚和页眉中可以插入文本或图形达到美化文档的目的，如页码、文档标题、文件名或作者名、徽标、日期等。

（1）插入页眉和页脚

① 单击【插入】选项卡【页眉和页脚】组中的“页眉”或“页脚”按钮，在弹出的“页眉”或“页脚”菜单中选择“编辑页眉”或“编辑页脚”选项。

② 在页眉或页脚区中输入文本和图形。

③ 双击非页眉和页脚区，退出“编辑页眉”或“编辑页脚”界面。

（2）删除页眉和页脚

删除一个页眉或页脚时，Word 2016 会自动删除整篇文档中相同的页眉或页脚，具体方法有以下两种：

方法 1：单击【插入】选项卡“页眉和页脚”组中的“页眉”或“页脚”按钮，在弹出的“页眉”或“页脚”菜单中选择“删除页眉”或“删除页脚”。

方法 2：在页眉或页脚区中框选要删除的图形或文本，然后按“Delete”键。

1.6.5　设置页面背景

使用【设计】选项卡【页面背景】组中的工具可以编辑文档页面的背景。其中各选项的功能如下：

（1）“水印”：用于在页面内容后面插入虚影文字，如“计算机基础考试”或“办公自动化”等，这通常表示要将文档特殊对待。

（2）“页面颜色”：用于选择页面的背景颜色或图案效果。

（3）“页面边框”：用于添加或更改页面周围的边框。

如图 1–23 所示为设置页面背景的效果。

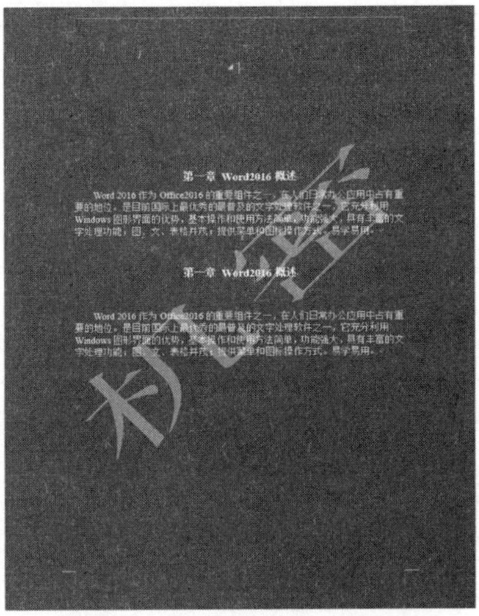

图 1–23　页面背景的设置效果

1. 6. 6　设置分栏

在报刊中，常常能看到分栏排版。分栏可使文本按纵列次序排列，使版面显得更为生动活泼，提高可读性。Word 提供了分栏功能。可以通过【布局】选项卡【页面设置】组中的分栏按钮快速分栏，也可以通过“更多栏”命令对文档进行分栏。具体操作如下：

① 将光标置于文本的任意处，是对整个文档分栏；如果选定某些段落，则是对选定段落分栏。

② 单击【页面布局】选项卡【页面设置】组中的“栏”按钮，在下拉菜单中选择“更多栏”命令，打开“栏”对话框，如图 1–24 所示。

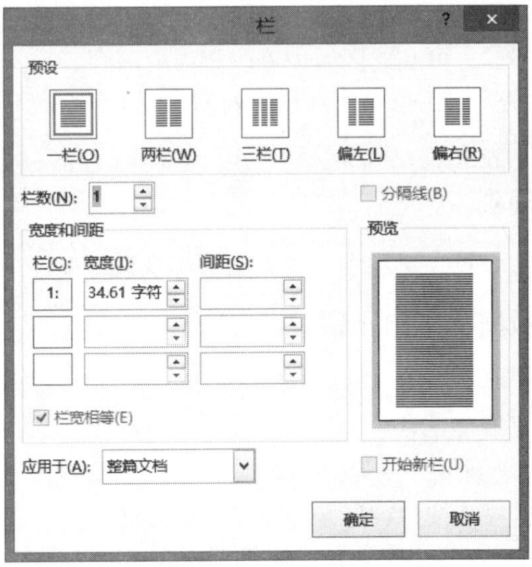

图 1–24　“栏”对话框

③ 选择“预设”框中的分栏格式，或在“栏数”文本框中键入分栏数，在“宽度和间距”框中设置栏宽和间距。

④ 单击“栏宽相等”复选框，则各栏的宽度相等，否则要逐栏设置宽度。

⑤ 单击“分隔线”复选框，则在各栏之间加一分割线。

⑥“应用范围”框中有“整篇文档”“插入点以后”“所选文字”等选项。单击“确定”按钮选定。

有几点说明如下：

（1）因为各栏宽度和间距之和等于页面宽度，所以，如要同时设置栏宽和间距，则应先调整页面宽度。

（2）如果对整篇文档分栏时，显示结果未达到预想的效果，可先在文档结束处插入一分节符，然后再分栏。

（3）只有在页面视图或打印预览下才能显示分栏效果。

1.7 表格的制作与设计

1.7.1 新建表格

方法1：点击【插入】选择卡中的“表格”下拉列表，然后在出现的图示表格中滑动鼠标确定要绘制表格的大小，单击鼠标左键插入表格。

方法2：用设置窗口的方式完成表格的插入。点击【插入】选项卡中的“表格”，在其下拉列表中点击“插入表格”选项，在弹出的“插入表格”对话框中键入“列数”与“行数”的值。

1.7.2 表格的编辑与修改

（1）插入行或列：将光标放在想要插入行或列的位置，然后点击标题栏上“表格工具”的【布局】选项卡中的“行和列”，可在此区域中修改相应的内容。

（2）合并单元格：将光标放在想要插入行或列的位置，然后点击标题栏上“表格工具”的【布局】选项卡中的“合并单元格”。

1.7.3 设置表格外观

打开【表格工具】中【设计】选项卡，可对表格外观进行设置。

1.7.4 表格中的数据排序和计算

（1）数据排序

数据排序的具体操作步骤如下：

① 打开文档，首先将光标置于表格任意单元格中，然后单击“表格工具”的【布局】选项卡的“数据”组中的“排序”按钮，打开“排序”对话框。

② 在“主要关键字”下拉列表中选择排序依据所在的列（即参与排序的列），然后选择排序方式，如“升序”。

③ 在“类型”下拉列表中可以选择排序依据，如日期、拼音、数字还是笔画等。单击“确定”按钮进行排序。

（2）数据计算

数据计算的具体操作步骤如下：

① 将光标置于要放置计算结果的单元格中。

② 单击【表格工具 – 布局】选项卡“数据”组中的“fx 公式”按钮。

③ 打开“公式”对话框，“公式”编辑框中显示了所需的公式，“=SUM()”表示对光标所在单元格上方的所有单元格中的数据进行求和运算。单击“确定”按钮后，计算结果将放置在光标所在单元格中。

1. 8　公式的排版

文档中有时会需要使用一些复杂的公式符号，通常编辑起来是有一定难度的。假如通过设置行间距、下划线、字符上标和下标、字符上升和下降等方法进行排版，不仅公式不标准，而且操作相当烦琐。这时采用 Word 文字处理软件中的公式编辑器就可以方便地编辑排版出标准、美观的公式和数学、化学等学科的特殊符号，点击【插入】选项卡【符号】组中“公式”按钮右侧的下拉按钮，在下拉菜单中点击“插入新公式”选项，在标题栏中点击“公式工具”，如图 1–25 所示是“公式”工具栏。

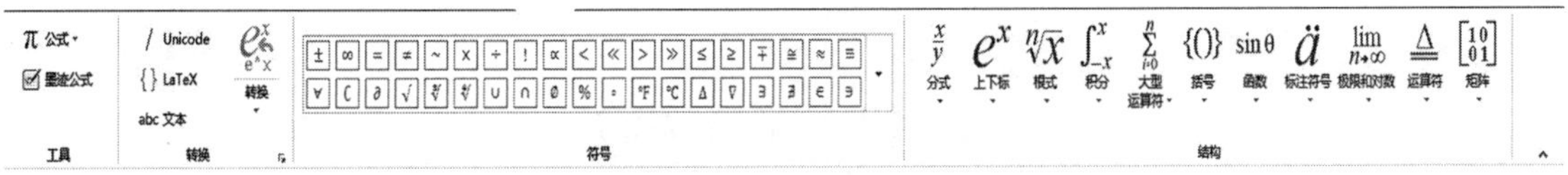

图 1–25　“公式”工具栏

利用“公式”工具栏中的各项功能，可输入下列公式：

$$y = \sum^{\infty} \frac{(-1)x^2}{\sqrt{n}} (x-1)^n \qquad Zn + H_2SO_4 = ZnSO_4 + H_2$$

Word 2016 中的公式编辑器不仅能编辑数学和物理公式，也能编辑化学等学科的公式以及特殊符号，可以说大多数的公式都能用它的模板编辑出来，功能十分强大。只有通过反复地使用来熟练地掌握它，才能轻松编辑各种公式。

1. 9　批注与修订

审阅模块是一个比较新的功能，在 Word 2010 及其后的版本中才有。此功能方便了导师与学生之间的交流，大大减少了工作量。审阅功能通常分为批注与修订两部分，如图 1–26 所示。

图 1–26 “修订”对话框图

在修订模式中，对文字的任何修改都会留下改动的痕迹，如图 1–27。

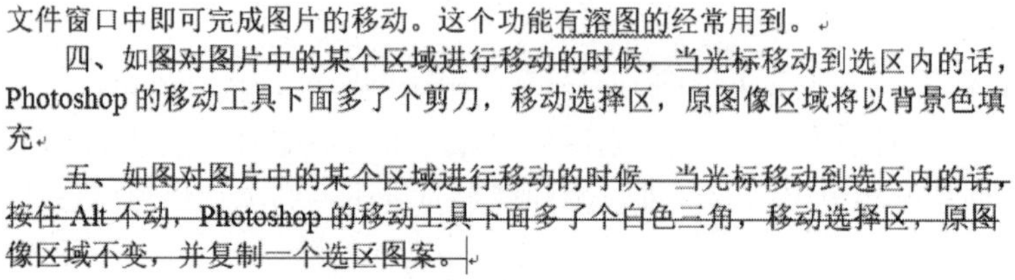
文件窗口中即可完成图片的移动。这个功能有溶图的经常用到。

四、如图对图片中的某个区域进行移动的时候，当光标移动到选区内的话，Photoshop 的移动工具下面多了个剪刀，移动选择区，原图像区域将以背景色填充。

~~五、如图对图片中的某个区域进行移动的时候，当光标移动到选区内的话，按住 Alt 不动，Photoshop 的移动工具下面多了个白色三角，移动选择区，原图像区域不变，并复制一个选区图案。~~

图 1–27 修订后的状态图

用户对于修订的结果可以选择接受或者拒绝。

如果要对一个段落或者一句话提出修改建议，可以新建批注，如图 1–28 所示。

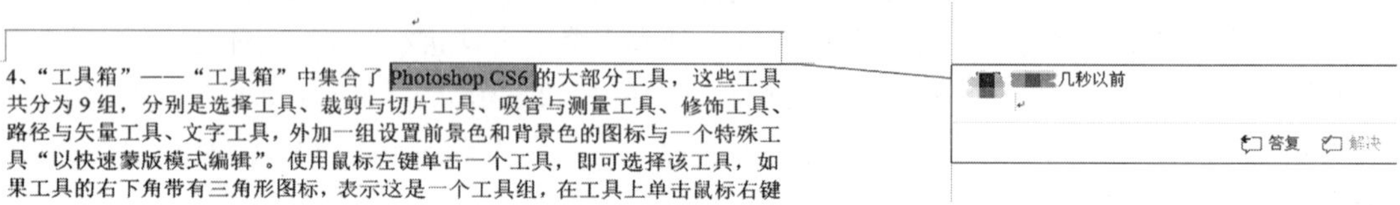
4、“工具箱”——“工具箱”中集合了 Photoshop CS6 的大部分工具，这些工具共分为 9 组，分别是选择工具、裁剪与切片工具、吸管与测量工具、修饰工具、路径与矢量工具、文字工具，外加一组设置前景色和背景色的图标与一个特殊工具“以快速蒙版模式编辑”。使用鼠标左键单击一个工具，即可选择该工具，如果工具的右下角带有三角形图标，表示这是一个工具组，在工具上单击鼠标右键

图 1–28 批注后的状态图

1. 10 综合实验

1. 10. 1 实验目的

（1）掌握 Word 文档的创建、保存、打开等操作方法；

（2）掌握字体格式、段落格式等文档的排版操作方法；

（3）掌握图片等对象的插入、编辑和格式设置等操作方法；

（4）掌握表格的制作、行列、单元格等操作方法；

（5）掌握页面设置、分隔符、页眉页脚的插入等操作方法；

（6）掌握修订和批注等操作方法。

1. 10. 2 实验内容和要求

【实验 1】

（1）双击打开实验素材“翼动的心 .docx”。

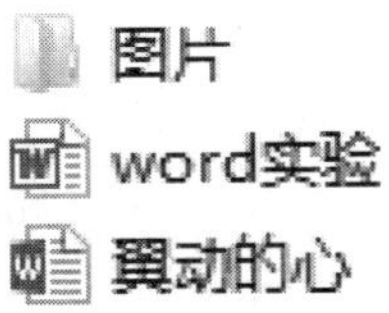

图 1–29　打开“翼动的心 .docx”

（2）页面设置：A4 纸，上、下、左、右页边距均为 3 厘米。

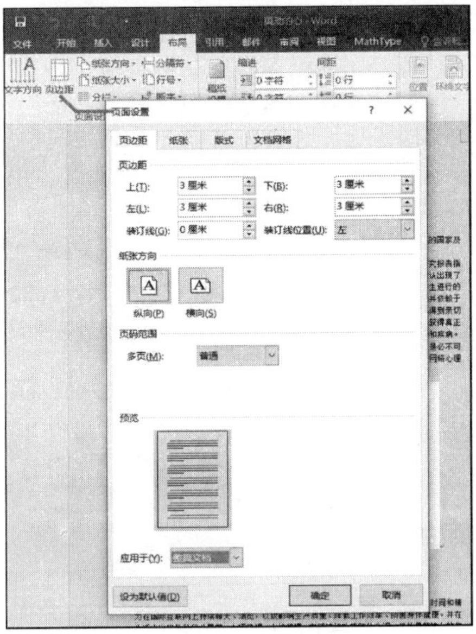

图 1–30　页面设置

（3）将标题“翼动的心”设置为隶书、小初、外部向下斜偏移阴影效果、水平居中。

（4）将“目前世界上哪些国家的学生上网最多?”“网络心理疾病”和“网络文化素养”等小节标题设置成“标题 2”样式，自动编号，编号格式为“1.、2.、3. …”。

（5）将第 1、2 小节的正文设置为宋体、五号，首行缩进 2 字符，单倍行距。

（6）将第 3 小节的正文设置为宋体、五号，无首行缩进，1.5 倍行距。

（7）参考结果示意图，在文档中合适的位置插入表格（来源于实验素材文件“表格数据 .docx”）。表格外框线设置为双细线，0.5 磅；表头文字设置为黑体、小三号，垂直、水平均居中对齐；其余文字设置为宋体，五号字，垂直居中对齐，水平两端对齐。

（8）设置文字“上网要科学安排：”的底纹样式为 15%。

（9）最后一段的上下边框线设置为粗细双线、宽度 3.0 磅。

（10）将页眉文字“网络心理学期刊——第二期”设置为宋体、小五、居中；页脚为第 × 页，居中。

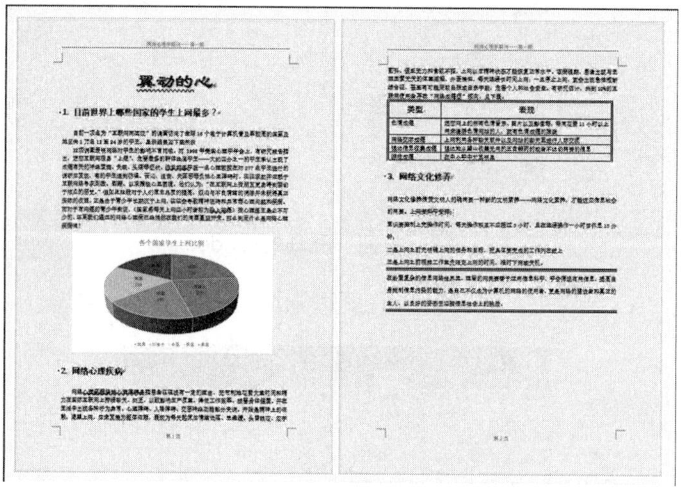

图 1–31　模板

【实验 2】

用 Word 创建一个表格如图 1–32 所示，完成下列操作。

科目 姓名	高等数学	大学语文	大学英语	计算机基础	总分	平均分
李　立	90	86	80	92		
张　文	88	79	84	90		
赵 武	95	90	87	88		

图 1–32　实验 2 图

（1）页面设置：A4 纸，上、下、左、右页边距均为 3 厘米。

（2）将标题“成绩单”设置为黑体、小二、阴影效果，水平居中，单倍行距，段后间距 1 行。

（3）将表中第一行内容设置为黑体，三号，水平、垂直居中排放，第一列内容设置为宋体，小四号，水平、垂直居中排放（第一列第一行除外），其他部分设置为小四号，宋体，水平、右对齐垂直居中排放。

（4）将表格外框线调整为双细线，0.5 磅；内框线为单细线，0.5 磅。

（5）给文档增加页眉“《大学计算机基础》实验——办公软件使用”，宋体，小四号，居中排放；增加页脚，宋体，小四号，居中排放，插入当前日期。

（6）计算出每个同学的总分和平均分。

（7）按照计算出的总分对表格内容进行降序排列。

【实验 3】

输入下面的文字，并完成下列操作。

多媒体

一般的说法是将影像、声音、图形、图像、文字、文本、动画等多种媒体结合在一起，形成一个有机的整体，能实现一定的功能，就称之为“多媒体”。随着技术的进步，多媒体的含义和范围还将进一步扩展。

多媒体按照信息获取方式的不同，可分为静态图片、运动图片和声音等捕获媒体；或者文本、图形和计算机动画等合成媒体。按信息空间或时间的不同可分为文本、图形、图像等静态的离散媒体；或者声音、计算机动画等动态的连续媒体。按感觉信息的方式可分为听觉媒体、视觉媒体和触觉媒体等。

（1）将标题文字“多媒体”加上灰色 25% 底纹，字体缩放 150%。

（2）将除标题之外的两段文字设为四号字。

（3）将第一段的段前间距设为 3 行，段后间距设为 2 行，字体改为“楷体 _GB2312”。

（4）将第二段分为两栏，字体设为仿宋体、斜体、蓝色。

（5）将第一段文字中所有的“多媒体”加粗显示，在文字“影像、声音、图形、图像、文字、文本、动画”的下方增加下划线。

（6）从电脑或者网络上找一张图片，在文档最后另起 1 行插入图片，居中，所在的行没有首行缩进。图片大小为长 5 厘米、宽 5 厘米。

【实验 4】

按照下面的要求和步骤，调整相应的实验素材文件的文档格式。

（1）设置页面格式：A4 纸，上边距为 3.2 厘米，下边距为 3.0 厘米，左边距为 2.8 厘米，右边距为 2.6 厘米。

（2）按照如下要求调整文档的封面（图 1–33）：

① 封面整体布局应美观、简洁。

② 文档的标题位于封面上方，居中排版，用一号黑体字。

③ 封面中间偏上位置分两行居中排放学号和姓名，用四号楷体字。

④ 封面下方分两行居中排放单位名称和日期，用三号宋体字，日期只需写到月份，全部用汉字，其中的“0”用“○”代替，如“二○一五年十二月”。

（3）修改标题样式的步骤如下：

①“标题 1”：黑体、二号、居中对齐，2 倍行距，段前段后间距各 16 磅，无缩进。标题编号为“1 XXX 标题”“2 XXX 标题”……，编号与标题文字之间空 2 格。

②“标题 2”：黑体、小二号、左对齐，2 倍行距，段前段后间距各 6 磅，无缩进。标题编号为“1.1 XXX 标题”“1.2 XXX 标题”……，编号与标题文字之间空 2 格。

③“标题 3”：黑体、三号、左对齐，单倍行距，段前段后间距各 6 磅，无左右缩进，悬挂缩进 1 厘米。标题编号“1.1.1 XXX 标题”“1.1.2 XXX 标题”……，编号与标题文字之间空 2 格。

④“标题 4”：宋体、小三号、加粗、左对齐，单倍行距，段前段后间距为 0 磅，无左右缩进，悬挂缩进 0.74 厘米。标题编号为“一、XXX 标题”“二、XXX 标题”……，编号与标题文字之间用顿号，没有空格。

⑤ 标题及段落文字的格式如图 1–34 示例所示。

XXXX 文档标题

学号：2062014010

姓名：张 XX

XX 大学 XX 学院

二零一七年十二月

图 1–33　封面

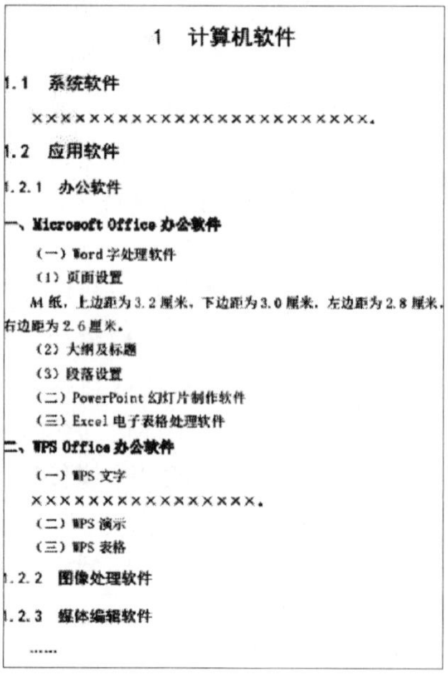
1　计算机软件

1.1　系统软件

××××××××××××××××××××××××。

1.2　应用软件

1.2.1　办公软件

一、Microsoft Office 办公软件

（一）Word 字处理软件

（1）页面设置

A4 纸，上边距为 3.2 厘米，下边距为 3.0 厘米，左边距为 2.8 厘米，右边距为 2.6 厘米。

（2）大纲及标题

（3）段落设置

（二）PowerPoint 幻灯片制作软件

（三）Excel 电子表格处理软件

二、WPS Office 办公软件

（一）WPS 文字

××××××××××××××××。

（二）WPS 演示

（三）WPS 表格

1.2.2　图像处理软件

1.2.3　媒体编辑软件

……

图 1–34　标题及段落文字

（4）切换到“大纲视图”，利用【大纲】选项卡【大纲工具】组中的“大纲级别”下拉列表或“升级”“降级”按钮调整各级标题的级别；通过“上移”或“下移”按钮调整各标题在文档中的先后顺序，完成整个文档的结构调整。

（5）切换到页面视图，编辑各标题下的正文文字为宋体，四号字。每个段落的第一行设置首行缩进 2 字符，段落行间距为固定值 24 磅，段前、段后间距为 0 磅。

（6）在标题4下面的段落里，如果还需要划分小节，小节编号为“（一）× × 标题”“（二）× × 标题”……，编号与标题文字之间没有空格，编号采用中文括号。如需要再继续划分条目，可用编号“（1）× × 条目”“（2）× × 条目”……表示，编号与条目文字之间没有空格，编号采用中文括号。小节标题单独成行，后面一般不加标点符号，文字与段落格式同正文。

（7）文中的所有插图按照如下要求调整（图 1–35）：

① 统一居中排版，插图所在的行没有缩进，图中文字采用宋体，不大于小四号字。

② 在插图的下方另起一行，居中（无缩进）插入图题，图题由插图编号和图题文字组成。

③ 插图编号由“图”字和阿拉伯数字构成，依照其在全文中的顺序编号，如图 1、图 2……

④ 插图编号与图题文字之间空一字（或两个英文空格，文字“图”与编号之间没有空格）。

⑤ 图题所在的行段前、段后间距设置为 0.5 行，用小四号黑体字，单倍行距。

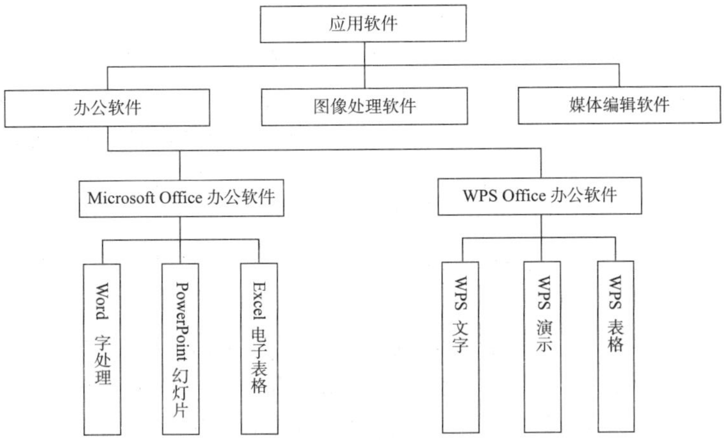

图 1–35　插图排版

（8）文中的所有表格按照如下要求调整（图 1–36）：

① 表格应有表的编号和表题，编号与表题之间空一字（或两个英文空格），置于表格的上方居中排版（无缩进），段前、段后间距设置为 0.5 行，用小四号黑体字，单倍行距。

② 表格的编号一般包括“表”字加上阿拉伯数字，依照其在全文顺序编号，如表 1、表 2……，而非按章节编号，如表 3–1、表 4–1 等。

③ 表格应有表头（一般是表格的第一行或第一列），表头设计应简洁、明了，栏中有单位的应予以标注，横向或纵向接排的表应重复表头。

④ 表格采用封闭式，上、下、左、右边框线及栏头线（表头下方的线）均用 1 磅粗实线，其他用 0.5 磅细实线。

⑤ 假如表格需要转页续接时，此页中表底部应将最后一个横栏排完，并用细实线闭合，次页的续表应在上方重复标明表的编号，并加“（续）”，如：表 1（续），续表应重复表头和单位。

⑥ 表格中内容用小四号宋体字，表头内容可加粗。

序号	**姓名**	**性别**	**身高（米）**	**体重（kg）**
1	李　三	男	1.75	66.8
2	王　红	女	1.62	54.1
3	赵大山	男	1.78	71.2
4	张美丽	女	1.60	53.5
5	郑文武	男	1.70	63.8

图 1–36　表格排版

（9）在封面的第二页为文档增加目录，要求如下：

① 标题为“目录”，两字之间空两格（4 个英文空格），单倍行距。

②“目录”字样位于目录页上方居中排版，段前、段后间距 1.0 行，用二号黑体字。

③ 目录文字需要列出正文的三级标题内容，标题文字与标题编号之间空一个字符位，标题文字与相应页码之间的连接符使用“……”，页码不加括号，右端顶格对齐，段前、段后间距均设置为 0 行，四号宋体字，行间距设置为 24 磅。

（10）为正文添加页眉（封面和目录页除外），页眉是实验素材文件的文档标题，居中排版，用小四号宋体字。

（11）为目录和正文添加页脚，插入页码，居中排版，用小四号宋体字，按照如下要求：

① 目录页统一使用大写罗马数字，例如 Ⅰ、Ⅱ、Ⅲ……，从 Ⅰ 开始。

② 正文页统一使用阿拉伯数字，如 1、2、3……，从 1 开始。

（12）完成全部文档内容的排版后，注意更新文档的目录。

1. 10. 3 实验环境

（1）硬件环境：PC 机；

（2）软件环境：Windows 操作系统，Office Word 2016

1. 10. 4 实验报告要求

本实验报告应包括以下内容：

（1）实验名称

（2）实验目的和要求

（3）操作方法和实验步骤

（4）实验结果与分析

（5）体会、质疑、建议

实验前要进行充分的预习准备，实验过程要独立完成，实验的过程和数据记录在实验报告中，分析实验结果，总结对本次实验的体会。

第 2 章　演示文档处理

2. 1　常用演示文档处理软件介绍

演示文档作为计算机文档的一种，由于比文字处理软件生成的文档具有更佳的动画、声音、视频等视觉效果，因此更加适合向公众说明与发布信息。一个演示文稿由若干张幻灯片组成，可以显示在电脑屏幕上，也可以通过投影机投射放映。每张幻灯片又是由若干个对象组成的。演示文档采用了图形、声音和动画等多媒体方式，使讲解生动活泼，观众兴趣盎然，具有较强的表现力和说服力。Microsoft PowerPoint 和 WPS 是两种主流的幻灯片制作软件。

作为世界上最受欢迎的演示文档制作软件，PowerPoint 可应用在教育、演讲、会议、报告等多个领域。其格式后缀名为 . ppt、pptx，在 PowerPoint 2010 及以后的版本中可保存视频格式文件。

2. 2　PowerPoint 2016 工作界面介绍

PowerPoint 2016 的工作界面主要包括快速访问工具栏、标尺栏、功能区（选项卡和命令组）、功能区显示选项、命令搜索框、标尺、工作区和状态栏、视图控制区等。

（1）快速访问工具栏

程序左上角为“快速访问工具栏”，如图 2–1 所示，用于显示常用的工具，单击其中的某个按钮，就可以调用相应的功能。通常包含了“保存”“撤销”“恢复”和“从头开始”4 个快捷按钮，用户可以根据需要进行添加或删减。

图 2–1　快速访问工具栏

（2）标题栏

标题栏由左侧的标题和右侧的控制按钮组成，如图 2–2 所示。标题用于显示当前编辑的演示文稿名称。控制按钮由“最小化”“最大化 / 还原”和“关闭”按钮组成，用于实现窗口的最小化、最大化、还原及关闭等要求。

图 2–2　标题栏

（3）功能区

PowerPoint 2016 的功能区由“开始”“插入”和“设计”等多个选项卡组成，如图 2-3 所示，每个选项卡中包含了不同的工具按钮。单击各个选项卡即可切换。

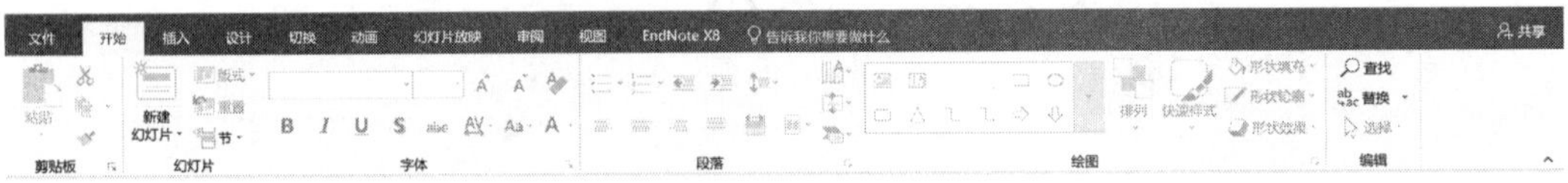

图 2-3　功能区

（4）幻灯片编辑区

PowerPoint 窗口中间的白色区域为幻灯片编辑区，如图 2-4 所示，是演示文稿的核心部分，主要用于编辑和显示当前幻灯片。

图 2-4　幻灯片编辑区

（5）视图窗格

视图窗格位于幻灯片编辑区的左侧，用于显示演示文稿的幻灯片数量及位置。默认显示“幻灯片”选项卡，它在该窗格中以缩略图的形式显示当前演示文稿中的所有幻灯片，以便查看幻灯片的设计效果。若切换到“大纲”选项卡则将以大纲的形式列出当前演示文稿中的所有幻灯片。

（6）备注窗格

位于幻灯片编辑区的下方，如图 2-5 所示，通常用于为幻灯片添加注释说明，比如幻灯片的内容摘要等。将鼠标指针停放在视图窗格或备注窗格与幻灯片编辑区之间的窗格边界线上时，拖动鼠标可调整窗格的大小。

图 2-5　备注窗格

（7）状态栏

状态栏位于窗口底端，如图 2-6 所示，用于显示当前幻灯片的页面信息。状态栏右端为视图按钮和缩放比例按钮，拖动状态栏右端的缩放比例滑块，可以调节幻灯片的显示比例。单击状态栏右侧的按钮，可以使幻灯片显示比例自动适应当前窗口的大小。

图 2-6 状态栏

2. 2. 3 PowerPoint 演示文档的视图模式

在【视图】选项卡的【演示文稿视图】组中有“普通”“大纲视图”“幻灯片浏览”“备注页”和“阅读视图”几个功能项。

（1）普通视图

在普通视图模式下可以看到 3 个分开的窗口。左边以大纲形式显示文稿内容，右边窗口显示该页幻灯片的所有内容及界面设计，右下方的窗口可以添加幻灯片的备注，如图 2-7 所示。

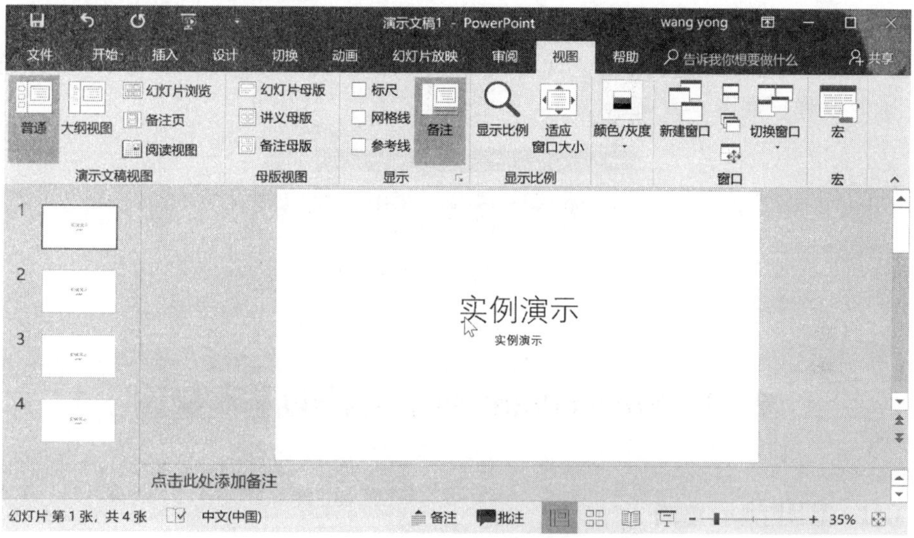

图 2-7 普通视图下的视图窗格

（2）大纲视图

仅显示文稿中的标题和正文。在此视图下可以调整幻灯片标题、正文布局和内容，移动幻灯片位置，如图 2-8 所示。

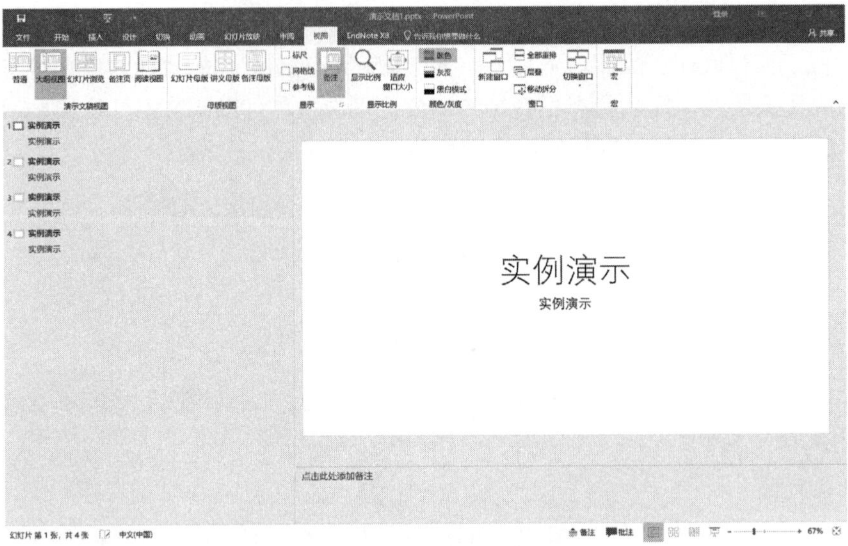

图 2–8　大纲视图下的视图窗格

（3）幻灯片浏览

可以看到演示文稿的整个外观，观看到每张幻灯片的各种效果，可以对幻灯片进行移动、复制、删除等操作，如图 2–9 所示。

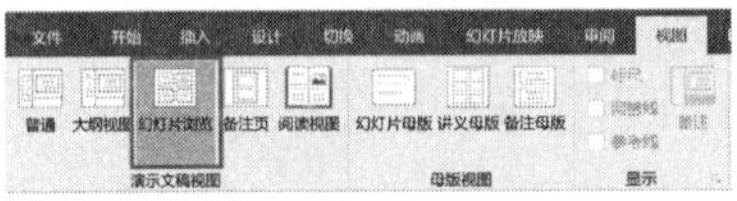

图 2–9　“幻灯片浏览”按钮

2. 3　PowerPoint 演示文档的基本操作

2. 3. 1　创建演示文档

启动 PowerPoint 2016 应用程序，单击“文件”，再单击“空白演示文稿”，出现“新建演示文稿”任务窗格，如图 2–10 所示。

图 2–10　新建演示文稿

2. 3. 2　创建幻灯片

在功能区点击“新建幻灯片”，会有不同版式的幻灯片可选（图 2–11），单击想要的幻灯片版式，即可完成幻灯片的创建。如果想要增加幻灯片，可以在需要增加幻灯片的位置点击鼠标右键，并选择“新建幻灯片”（图 2–12）。

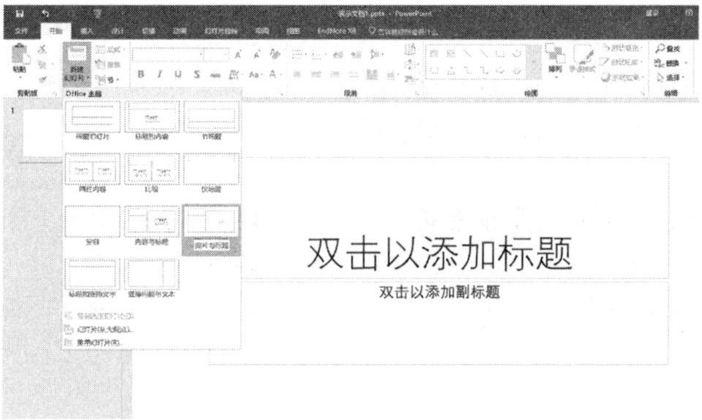

图 2–11　选择幻灯片格式

图 2–12　新建幻灯片

2. 3. 3　编辑幻灯片

点击幻灯片的视图窗格，可以选择具体的幻灯片进行编辑，如添加标题、添加文本、添加图片等，如图 2–13 所示。

图 2–13　编辑幻灯片

（1）选择幻灯片

① 单张：单击幻灯片。

② 连续多张：先选第一张，再按住“Shift”键选中最后一张。

③ 不连续多张：先选第一张，按住“Ctrl”键选择其他幻灯片。

④ 全选：单击“编辑”→“全选”或按“Ctrl+A”键。

（2）插入幻灯片

在制作演示文稿的过程中，要不断地插入幻灯片，方法有如下 3 种：

方法 1：新幻灯片。执行“插入 → 新幻灯片”命令，在当前幻灯片后插入一张新的幻灯片。

方法 2：来自其他演示文稿。选择要插入的位置，执行“插入 → 幻灯片从文件”命令，打开“幻灯片搜索器”对话框，带条件的选择要插入的幻灯片。

方法 3：从 Office 文档中导入。执行“插入 → 幻灯片（从大纲）”命令，在弹出的对话框中选择文件。

（3）复制幻灯片

① 制作幻灯片副本。 选择要复制的幻灯片，执行“插入 → 制作副本”命令。

② 选择要复制的幻灯片，利用工具栏按钮、编辑菜单指令、快捷菜单等实现。

（4）隐藏幻灯片

选择要隐藏的幻灯片，执行“幻灯片放映 → 隐藏幻灯片”命令。再次执行命令，取消该幻灯片的隐藏。

（5）删除幻灯片

在幻灯片视图下选中幻灯片后按“Del”键。在其他视图下选中左窗格中的幻灯片标题，按“Del”键。

（6）移动幻灯片

一般采用鼠标拖曳的方法操作。

2. 3. 4 放映和保存文档

在【幻灯片放映】选项卡的【开始放映幻灯片】组中有“从头开始”“从当前开始”等多个选项，可以使幻灯片按顺序在屏幕上显示，单击鼠标右键可以显示下一张幻灯片，可以按“Esc”键随时退出，也可以等幻灯片放完以后自动退出。

点击状态栏的【文件】选项卡，左侧会有“保存”与“另存为”选项，第一次“保存”与“另存为”功能相同，都是将文件存放在指定位置。之后按“保存”是用新内容覆盖旧内容，如图 2–14 所示。

图 2–14　保存文档

2. 3. 5　文本的输入、编辑与修饰

（1）文本操作

单击功能区的【设计】选项卡，选择好模板样式，就可以进行文本输入，如图 2–15 所示。

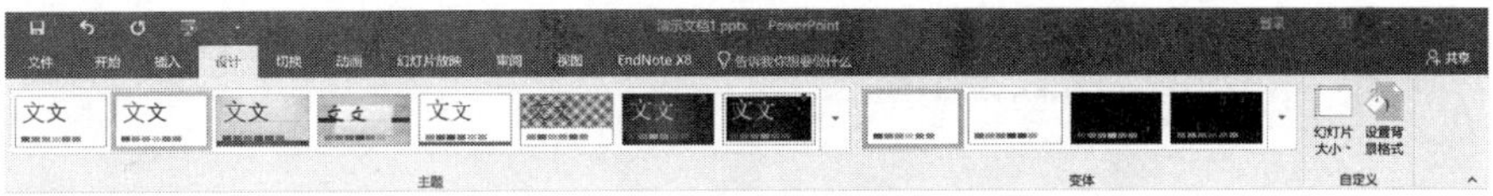

图 2–15　模板样式

如图 2–16 所示，即可对主题模板中的文字进行输入、移动等。

图 2–16　文本操作

（2）插入符号

单击功能区的【插入】选项卡，在【符号】组中单击“符号”选项，弹出“符号”对话框，在对话框中选择需要插入的符号，点击“插入”按钮，即可完成符号的插入，如图 2–17 所示。

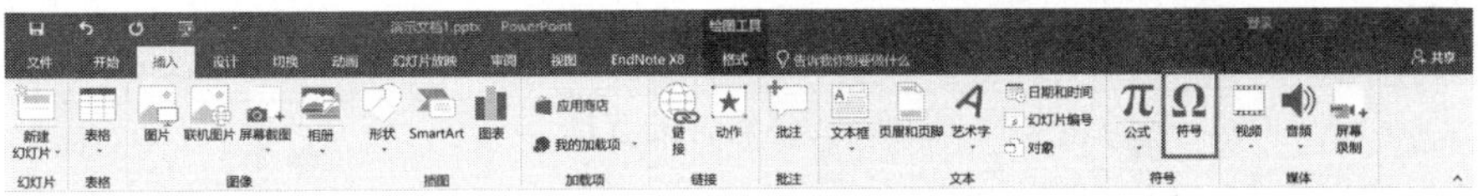

图 2–17　插入符号

（3）插入公式

点击【插入】选项卡【符号】组中的“公式”选项，在下拉列表中可选择需要插入的公式，或点击“插入新公式”，自行编辑公式，如图 2-18 所示。

图 2-18　插入公式

2. 3. 6　幻灯片中其他对象的插入

如图 2-19，可通过【插入】选项卡进行多种对象的插入，但其一般都需要素材库，也可以利用网络资源进行素材的收集，如图 2-20 所示。

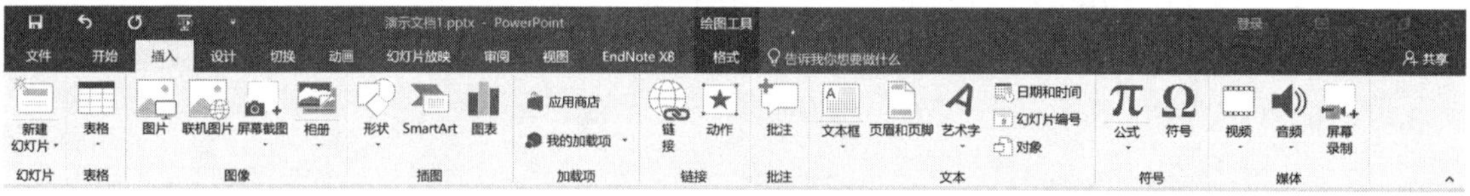

图 2-19　插入对象

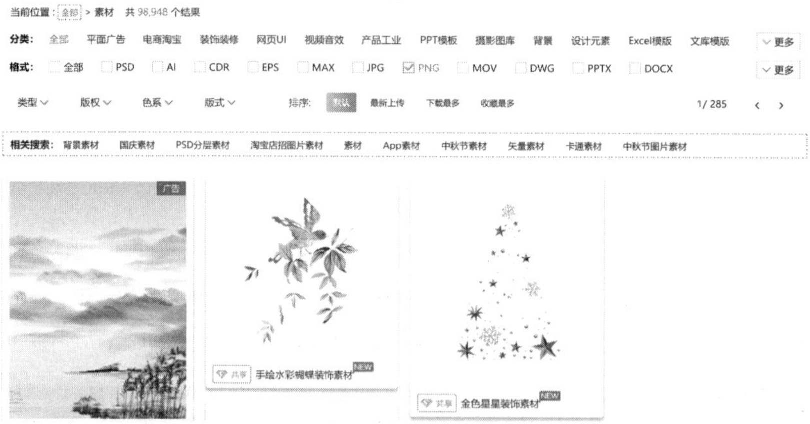

图 2-20　素材的选择

2. 4　设置幻灯片外观

演示文稿里的幻灯片默认使用统一的外观，我们也可根据使用情况以及环境的不同，进行外观的修改，常见的方式有：设计模板、母版、配色方案、幻灯片版式。

2. 4. 1　应用与自定义主题

为演示文稿应用主题的方法为：

① 选择需要应用主题的幻灯片。

② 在【设计】选项卡【主题】组中，单击任意的主题进行应用，也可右击主题样式选择样式应用范围，如图 2–21 所示。选择“自定义主题”或者“浏览主题”命令，可使用保存于自己电脑中的主题。

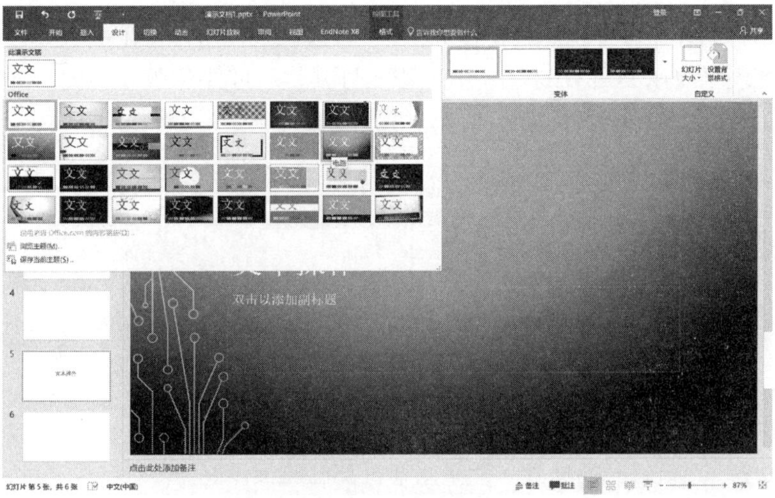

图 2–21　主题选择

2. 4. 2　设置幻灯片背景

具体操作步骤如下：

① 选择需要应用背景的幻灯片。

② 选择【设计】选项卡，单击【自定义】中“设置背景格式”选项。

③ 弹出如图 2–22 所示的“设置背景格式”对话框，在左侧的视图窗格中选择需要设置的项目，在右侧的对话框中设置具体的参数。

④ 如果仅为当前所选幻灯片应用背景，可直接单击“关闭”按钮关闭对话框。如果要为所有幻灯片应用背景，应先单击“全部应用”按钮再关闭对话框。

图 2–22　设置背景格式

2. 4. 3　使用母版及母版类型

若要使所有的幻灯片包含相同的字体和图像（如徽标），通过使用幻灯片母版即可达到这一目的，这些更改将应用到所有幻灯片中。若要打开“幻灯片母版”视图，如图 2–23 所示，在【视图】选项卡【母版视图】组中选择“幻灯片母版”。

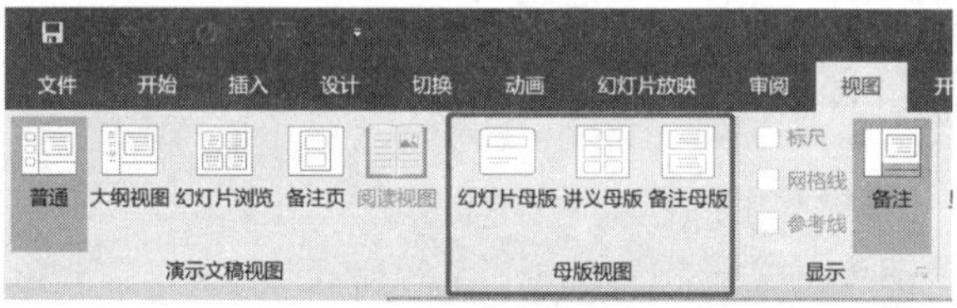

图 2–23　母版

母版包括幻灯片母版、讲义母板和备注母板 3 类，在这些母版中，幻灯片正文标题、正文文字的位置、大小、项目符号的样式、背景图案等都已经预设好。

（1）编辑幻灯片母版

在图 2–24 中被选中的页面称为基础母版。在基础母版中选择对应的占位符，例如标题样本，可以设置颜色、字体、段落等各种格式。

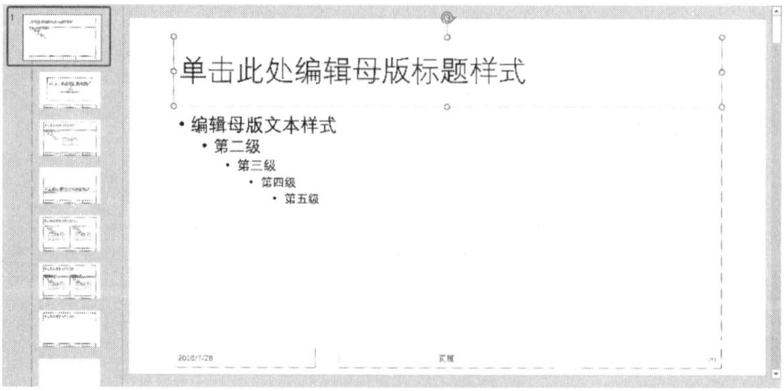

图 2–24　基础母版

在基础母版中针对样式作出的修改会全部应用于下属的所有板式，效果如图 2–25 所示。

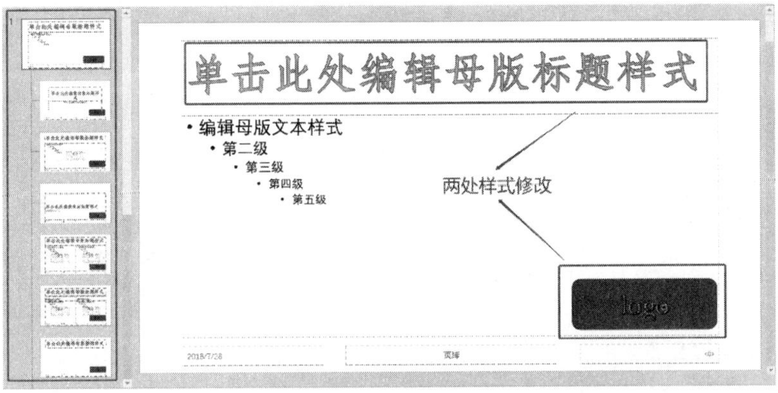

图 2–25　修改基础母版

基础母版下方的页面称为具体板式。第一页是标题版式，创建 PPT 的第一页时会采用这个页面的版式，如图 2–26 所示。

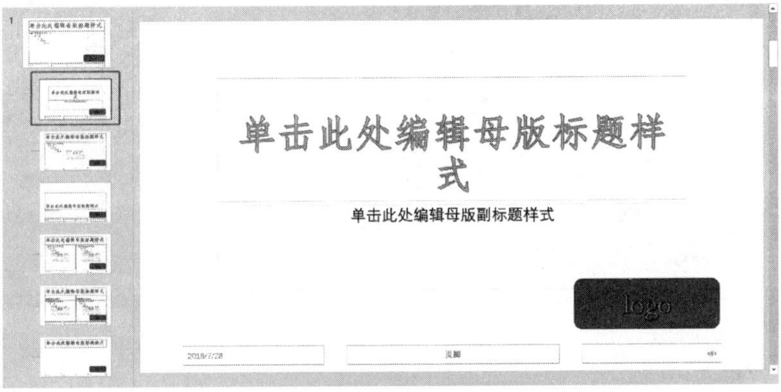

图 2–26　具体板式（1）

基础母版下方第二页是标题与内容版式。创建 PPT 的第二页以及以后内容时都会自动套用这个版式，如图 2-27 所示。

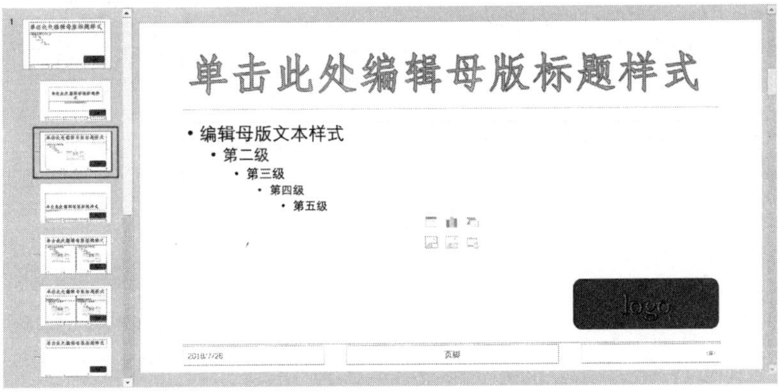

图 2–27　具体板式（2）

（2）自定义板式

通常而言，预定义的板式不一定能满足制作 PPT 中的各种要求，这时可以采取自定义板式的方法来达到个性化的效果。本节以一个小例子达到抛砖引玉的目的。

点击插入板式按钮，即可在指定位置插入一个新的板式页面，具体操作如图 2–28 所示。

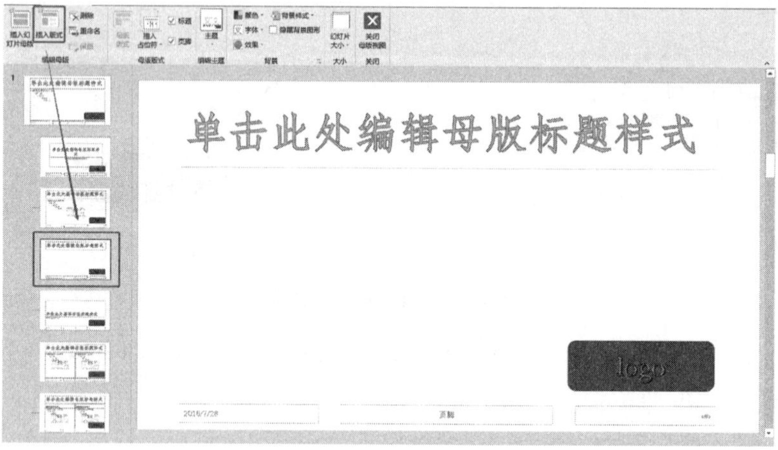

图 2–28　插入新板式

点击重命名即可对新的板式进行命名，如图 2–29 所示。

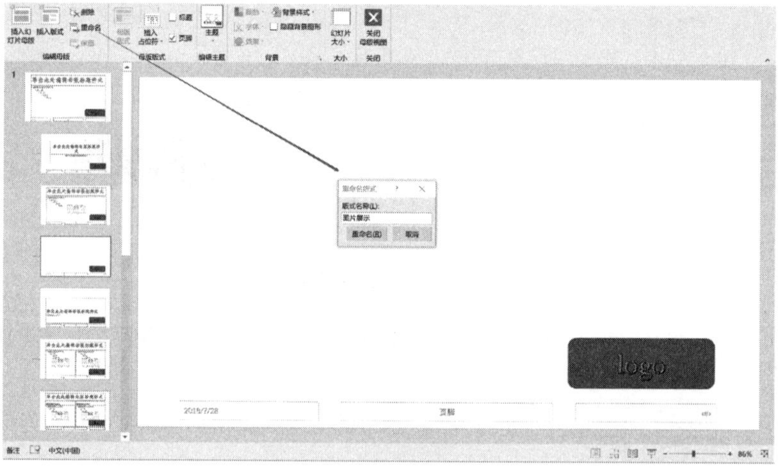

图 2–29　重命名

点击插入占位符按钮，选择插入图片，共计插入 8 个占位符，效果如图 2–30 所示。

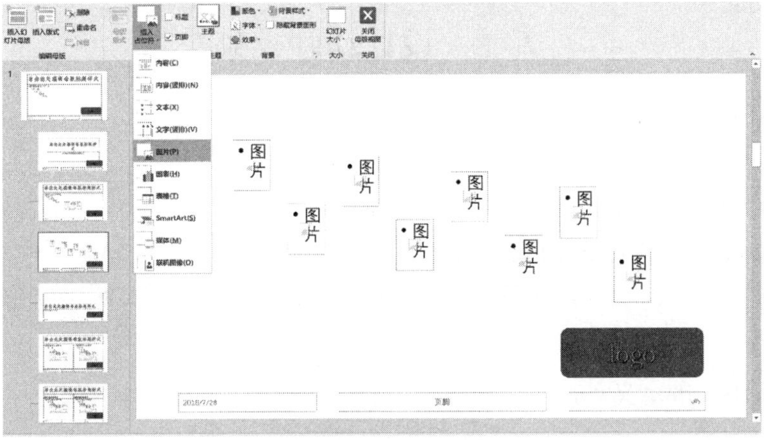

图 2–30　插入占位符

选择关闭母版视图，在普通视图界面新建幻灯片后，选中某一幻灯片，点击板式按钮，选择图片展示板式，即可点击图标直接添加图片，所有图片大小样式完全相同，如图 2–31 和图 2–32 所示。

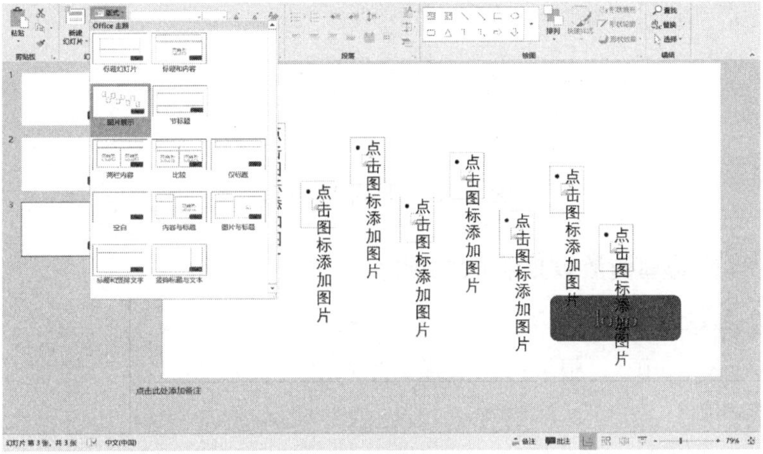

图 2–31　添加图片

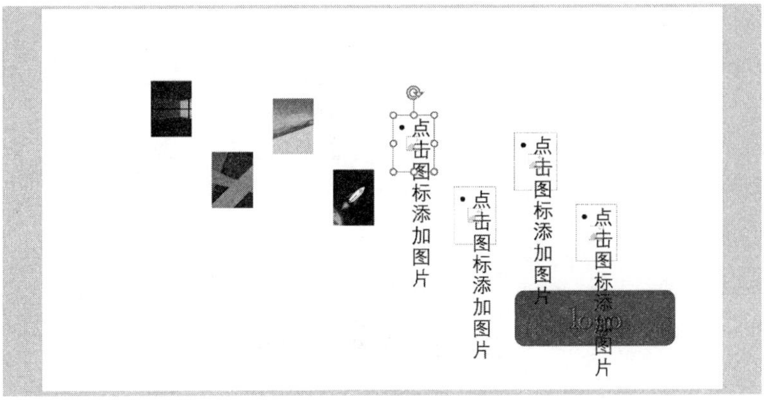

图 2–32　应用母版板式

2. 5 设计动画效果

2. 5. 1 快速设置动画

（1）打开需要设置动画效果的 Power Point 演示文稿。

（2）在主页面选中需要设置动画的图片。

（3）在功能区中点击【动画】选项卡，根据需要选择一个动画效果。如果想要有更多的动画效果选择，可点击下三角键。

2. 5. 2 插入自定义动画

自定义动画时，首先选取一个需要添加动画的物件，然后点击菜单栏中【动画】组的下拉菜单按钮。在进入、强调、退出以及其他动画类型中选择需要添加的动画，在动画窗口中即可看到。

双击新增动画，弹出该动画的属性窗口，可以设置出发方式、播放时间等，在菜单栏也可进行简单的设置。注意：若同一个物件需有多个动画，添加新动画时要点击“添加动画”按钮，否则将会把旧动画给覆盖掉，如图 2–33 所示。

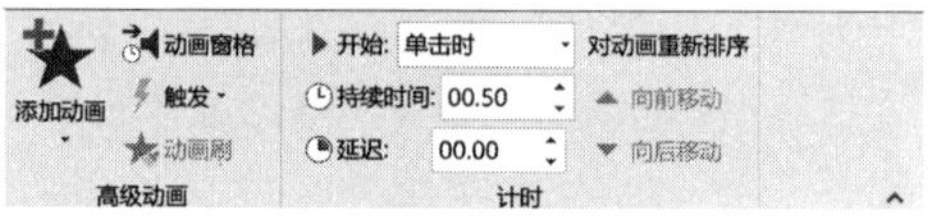

图 2–33 插入自定义动画

2. 5. 3 设置动画播放效果和播放顺序

（1）设置动画播放效果

在功能区选择“动画”，根据所需选择动画效果，如果想要一个图像具有多种动态效果，可以点击“添加动画”，如图 2–34 所示。

图 2–34 更多动态效果

（2）设置播放次序

如果想要改变动画的播放顺序，可先点击【动画】选项卡【高级动画】组中的“动画窗格”，这时页面右边就会显示动画的排序，根据需要选择“向前移动”或“向后移动”，如图 2–35 所示。

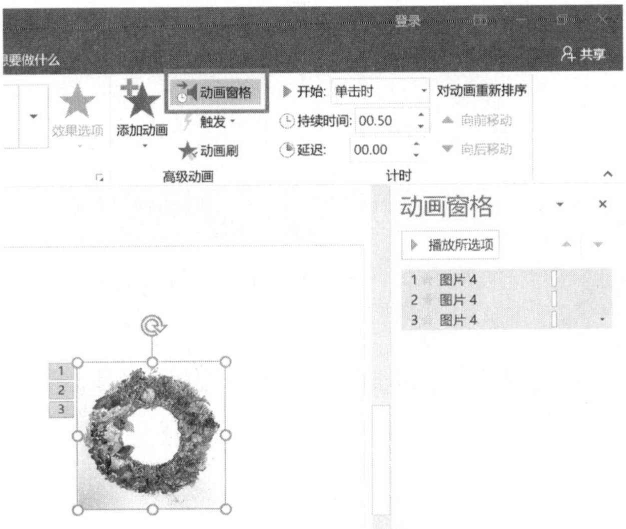

图 2–35　调整动画序列

2. 5. 4　设置幻灯片切换效果

可以在菜单栏的【切换】功能中选择需要的翻页动画效果，如果想要全部应用于所有幻灯片，可以点击右侧的“全部应用”按钮，如图 2–36 所示，这时左侧的幻灯片右上方会出现小五角星。

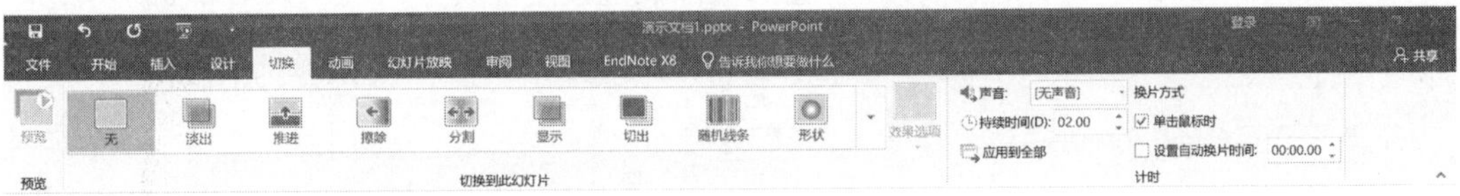

图 2–36　幻灯片切换效果

2. 5. 5　创建交互式演示文稿

在做交互式演示文稿时，常常需要在介绍时插入一些图片或视频。比如，想向别人介绍小老鼠，首先创建文本框，输入主题“小老鼠”，然后根据需要决定是否设置动画，如图 2–37 所示。

图 2–37　输入主题

点击【插入】选项卡【链接】组中的“链接”按钮，会弹出如图 2–38 所示的框，选择想要链接的图片或视频文件，然后点击“确定”按钮。

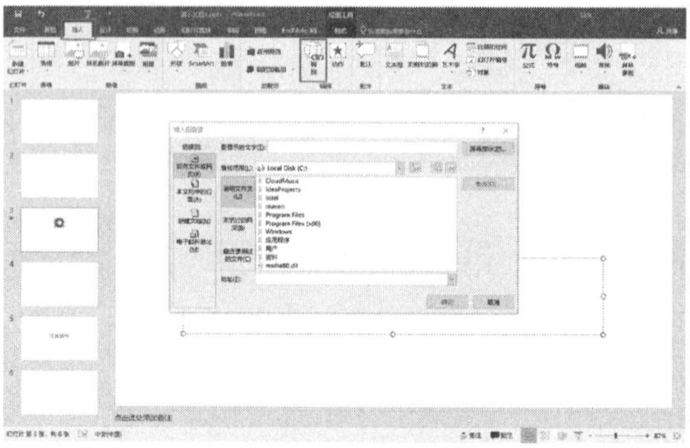

图 2–38　插入超链接

这样在放映幻灯片时，点击文字，相应的图片或链接网址就会出现，如图 2–39 所示。

图 2–39　超链接效果

若要插入网站链接，可先选中需要插入网站链接的文字或图片，单击右键，选择“超链接”。在“插入超链接”对话框的地址栏中输入网站地址，点击“确定”按钮。这样在播放到该张幻灯片时点击相应的文字或图片就能跳转到指定网站。注意：在编辑界面中是无法打开超链接的。

2. 6　添加多媒体对象

2. 6. 1　插入 Flash

（1）将需要插入的 Flash 文件和演示文稿放在同一个路径下，方便之后给 Flash 文件定位。

（2）用 PowerPoint 2016 打开演示文稿，单击“文件”按钮，在弹出的菜单中选择“选项”，在弹出的“PowerPoint 选项”对话框的左侧菜单中选择“自定义功能区”，在窗口右侧勾选“开发工具”，单击“确定”按钮，如图 2–40 所示。

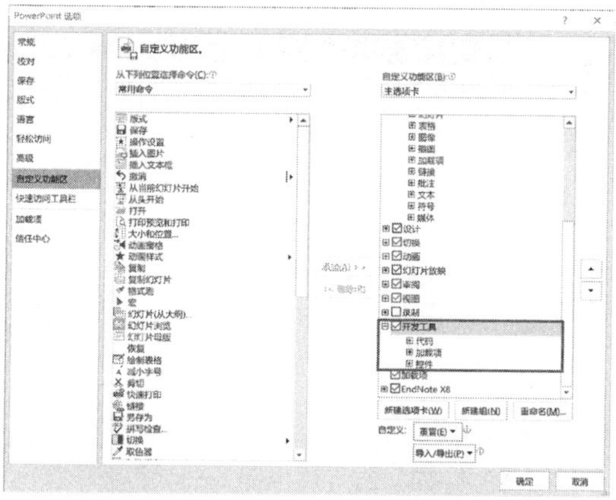

图 2–40　幻灯片插入 Flash 动画中间步骤（1）

（3）返回 PowerPoint 界面，选中需要插入 Flash 文件的那张幻灯片。

（4）切换到【开发工具】选项卡，单击【控件】组中的“其他控件”按钮，在弹出的“其他控件”对话框中选择“Shockwave Flash Object”控件，单击“确定”按钮，如图 2–41 所示。

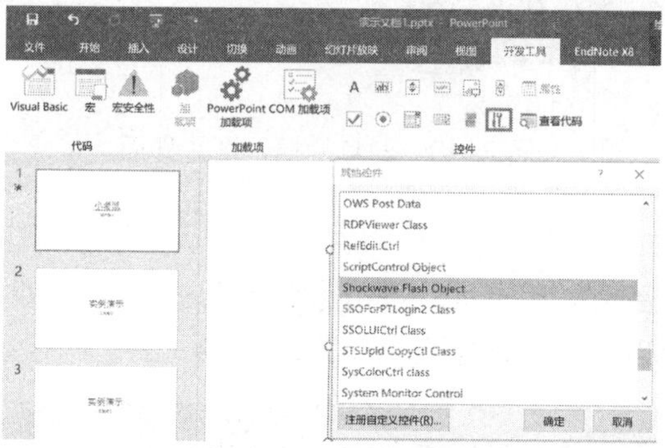

图 2–41　幻灯片插入 Flash 动画中间步骤（2）

（5）返回文稿，此时光标变成了十字状态，按下鼠标左键并拖动，框出 Flash 文件的位置。

（6）释放鼠标以后，就能看到 Flash 控件的具体位置以及大小了。选中这个控件，单击鼠标右键，在弹出的菜单中选择“属性表”选项。在弹出的“属性”对话框中选择“Movie”项，将它的值修改为 Flash 文件的名称。然后选择“Playing”项，单击右侧的下拉按钮，将它的值改为“True”，使得 Flash 文件可以自动播放。这样在切换到插入 Flash 文件的那张幻灯片的时候，该 Flash 就会自动播放。

2. 6. 2 插入图片、声音

（1）插入形状

打开要插入图片的那一页，点击【插入】选项卡【插图】组中的“形状”按钮，如图 2–42 所示，选择需要的形状，在视图窗格中单击鼠标，画出所选形状。在形状区域内点击右键选择“设置形状格式”选项，在弹出的界面中选择填充方式，有“无填充”“纯色填充”“渐变填充”“图片或纹理填充”“图案填充”“幻灯片背景填充”几项可选。

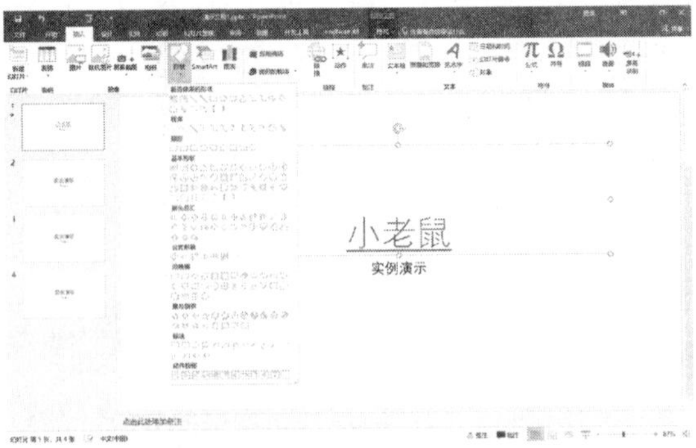

图 2–42 幻灯片中插入形状界面

（2）单纯插入图片

打开要插入图片的那一页，点击【插入】选项卡【图像】组中的“图片”选项，弹出“插入图片”对话框，选择要插入的图片，可以插入一张或者多张图片，如图 2–43 所示。

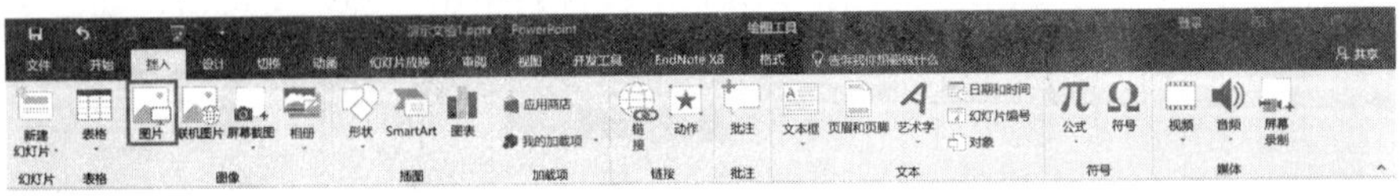

图 2–43 幻灯片插入图片界面

（3）插入背景音乐

① 打开要插入背景音乐的那一页，点击【插入】选项卡【媒体】组中的“音频”按钮，在弹出的下拉菜单中选择插入音频的途径，如图 2–44 所示。

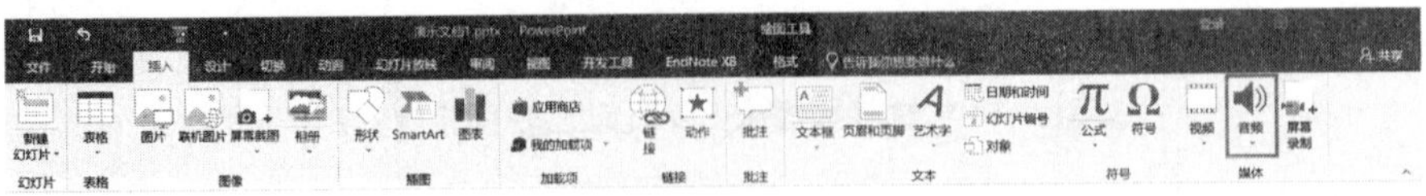

图 2–44 幻灯片插入背景音乐界面

② 将需要的音乐插入到页面中，插入成功，就会看到一个小喇叭图标，可以右击小喇叭图标，选择设置图片格式。

③ 插入音乐后，可以根据自己的需求去设置插入音乐的开始、停止以及转换等时间，同时也可以对音频进行裁剪，达到所期望的时间长短，如图 2–45 所示。

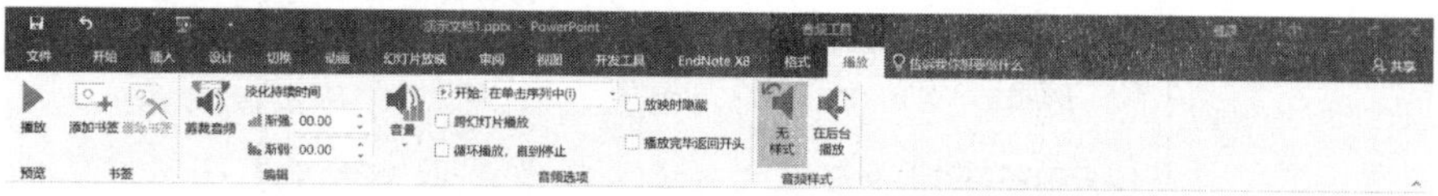

图 2–45　对音乐进行更改界面

2. 7　综合实验

2. 7. 1　实验目的

（1）掌握幻灯片制作过程以及设计模板、版式的使用方法。

（2）掌握字体格式的设置，插入形状、图片、声音和影片等的方法。

（3）掌握简单动画的制作方法。

（4）掌握插入动作按钮、超链接及进行自定义放映的方法。

2. 7. 2　实验内容和要求

【实验 1】

制作含有 2 张幻灯片的演示文稿“Ex1_ 学号 _ 姓名 .pptx”，幻灯片如图 2–46、图 2–47 所示（注：其中学号、姓名为本人的真实学号和姓名，下同）。

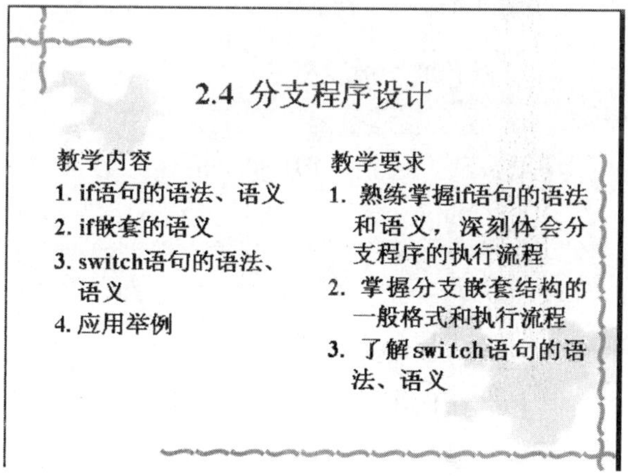
2.4 分支程序设计
教学内容
1. if语句的语法、语义
2. if嵌套的语义
3. switch语句的语法、语义
4. 应用举例
教学要求
1. 熟练掌握if语句的语法和语义，深刻体会分支程序的执行流程
2. 掌握分支嵌套结构的一般格式和执行流程
3. 了解switch语句的语法、语义

图 2–46　实验 1（一）

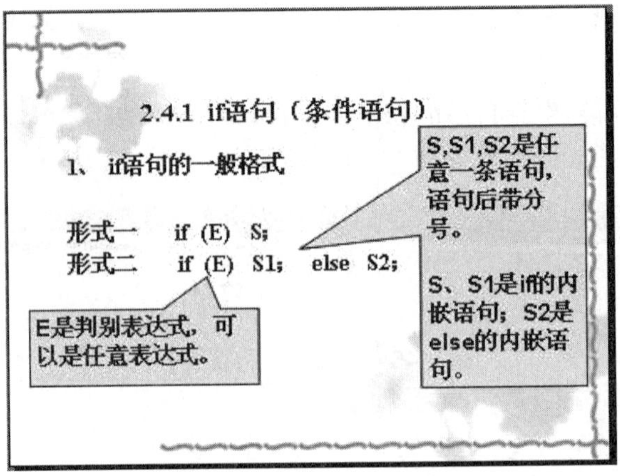
2.4.1 if语句（条件语句）
1、 if语句的一般格式
形式一 if (E) S;
形式二 if (E) S1; else S2;
S,S1,S2是任意一条语句，语句后带分号。
S、S1是if的内嵌语句；S2是else的内嵌语句。
E是判别表达式，可以是任意表达式。

图 2–47 实验 1（二）

（1）要求

① 幻灯片 1 按照图 2–46 所示制作。

② 幻灯片 2 中说明“E”和“S”作用的标注框，在鼠标单击后，才依次出现。

（2）步骤

① 新建一个空白演示文稿，选择所需的模板，以“Ex1_ 学号 _ 姓名 .pptx”为文件名保存。

② 选择【开始】选项卡【幻灯片】组中的“版式”按钮，在下拉列表中选择“两栏内容”。

③ 按图 2–46 输入标题和两栏内容文字。

④ 单击【开始】选项卡【幻灯片】组中的“新建幻灯片”按钮，制作第二张幻灯片。第二张幻灯片的默认版式是“标题和文本”，输入图 2–48 所示的标题和正文内容。

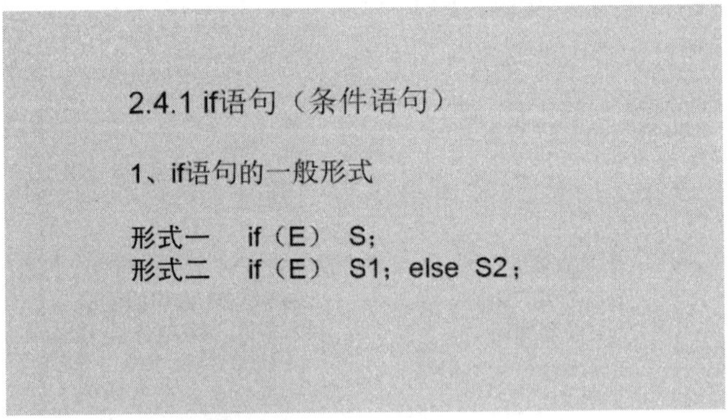
2.4.1 if语句（条件语句）
1、if语句的一般形式
形式一 if（E） S;
形式二 if（E） S1; else S2;

图 2–48 实验 1（三）

⑤ 选择【插入】选项卡【插图】组中的“形状”按钮，在下拉菜单中选择“标注”组中的“矩形”标注，拖动鼠标，在幻灯片上画出标注框，并输入文字“E 是判别表达式，可以是任意表达式”。选中该标注对象，在【动画】选项卡【动画】组中选择“飞入”效果。

⑥ 同步骤（5），做出另一个标注框并选择“飞入”效果。

⑦ 保存文件。

【实验 2】

把图 2–49（a）所示的图形通过动画变成如图 2–45（b）所示的图形。

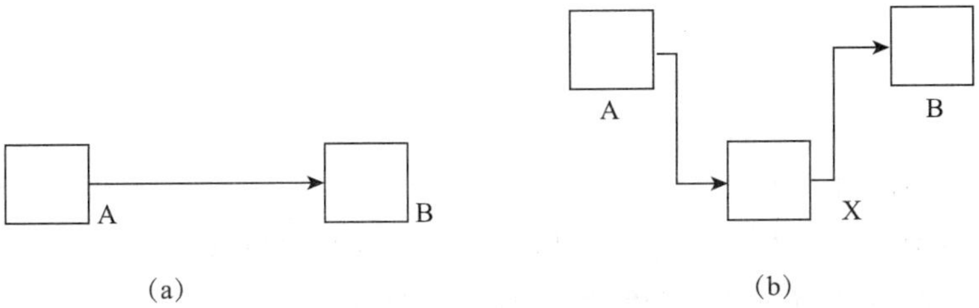

图 2–49　实验 2（一）

（1）要求

① 幻灯片的标题是“结点的插入过程演示”。

② 图 2–49（a）是静态画面，单击鼠标后：① 先飞入“X”；② 从 X 结点的右侧伸展出现 X、B 之间的箭头；③ A、B 之间的箭头闪动三次之后被擦除；④ 从 A 结点的右侧伸展出现 A、X 之间的箭头，形成如图 2–49（b）所示的画面。

（2）步骤

① 新建一个空白演示文稿，选择所需的模板，以“Ex2_ 学号 _ 姓名 .pptx”为文件名保存。

② 单击【开始】选项卡【幻灯片】组中的“版式”按钮，在下拉菜单中选择“仅标题”版式。

③ 单击标题占位符，输入标题文字“结点的插入过程演示”。

④ 选择【插入】选项卡【插图】组“形状”按钮中的“矩形”，拖动鼠标，在幻灯片上画出矩形。鼠标右击矩形，在弹出的快捷菜单中选择“添加文本”，输入字符 A，形成带文字 A 的矩形框，命名为“A 框”。

⑤ 仿照步骤④制作带文字 B 的矩形框（命名为“B 框”）。

⑥ 选择【插入】选项卡【插图】组“形状”按钮中的“箭头”，拖动鼠标，依图所示在幻灯片上画出从“A 框”到“B 框”的箭头（命名为“箭头”）。最终效果如图 2–49（a）。

⑦ 制作带有文字 X 的矩形框（命名为“X 框”）。选中“X 框”，在【动画】选项卡【动画】组中选择“飞入”效果。

⑧ 选择【插入】选项卡【插图】组“形状”按钮中的“肘形箭头连接符”，生成“X 框”对象与“B 框”对象之间的肘形箭头，单击“自定义动画”窗体中的“添加效果”按钮，设置此对象的“进入”方式为“展开”。

⑨ 选中“箭头”对象，在“自定义动画”窗体中单击“添加效果”按钮，选择“强调”“其他效果”命令，在弹出的“添加强调效果”对话框中选择“闪动”。

⑩ 在动作序列中，点击这个动作右侧的下拉菜单，选择“计时”子菜单，打开“计时”对话框。设置延迟为 1 秒，速度为“中速”，重复次数为 3。单击“确定”按钮。

⑪ 选中“箭头”对象，单击“添加效果”按钮，设置“箭头”对象的“退出”方式为“擦除”。在“自定义动画”窗体的动作序列中，点击这个动作右侧的下拉菜单，选择“效果选项”子菜单，打开“效果”对话框，设置“方向”为“自右侧”。

⑫ 模仿步骤（8），生成“A 框”对象与“X 框”对象之间的肘形箭头。单击“添加效果”按钮，设置此对象的进入方式为“展开”。

⑬ 保存文件。

【实验 3】

设计一个介绍 ×× 大学的演示文稿。

（1）新建一个空白演示文稿，以“×× 大学简介 _ 学号 .pptx”为文件名保存。

（2）使用母版统一演示文稿外观。对幻灯片母版进行如下设置：

● 标题占位符文字：华文隶书，44 号，红色，加粗。

● 文本占位符文字：华文新魏，28 号。

● 日期、页脚、页码占位符：隶书，18 号。

● 填充背景样式，图片来自素材文件“背景 .jpg”。

● 适当调整标题、日期、页脚、页码占位符的位置。

● 在母版左上角插入“×× 大学”校徽图片，图片来自素材文件“×× 大学校徽 .bmp”，调整图片大小和边角的透明度。

● 设置页眉、页脚，页脚为文字“×× 大学”，单击“全部应用”。

（3）根据素材“×× 大学简介 .docx”的文件内容以及“校园风光图片”文件制作演示文稿的内容：

● 制作标题幻灯片：主标题是“×× 大学简介”，副标题是学员姓名和学号。

● 新建第二张幻灯片，使用“标题和内容”版式，输入标题“目录”以及具体的目录内容，修改目录内容的项目符号（自定）。

● 根据“大学概况 .doc”“校训校风 .jpg”“校徽校歌 .gif”以及“校园风光”图片等内容完成 6 ~ 7 张幻灯片的设计。

（4）为演示文稿添加声音效果，音频来自素材文件“校歌 .wma”，设置合适的播放方式。

（5）设置幻灯片切换效果。

（6）设置对象的动画效果。

（7）创建交互式演示文稿：

● 为“目录”幻灯片中的各级目录创建到对应幻灯片的超链接。

● 在各张幻灯片上增加返回动作按钮，并且创建能返回“目录”幻灯片的链接。

（8）设置演示文稿的放映类型、换片方式、幻灯片放映范围等。

（9）放映演示文稿。

2. 7. 3　实验环境

（1）硬件环境：PC 机。

（2）软件环境：Windows 操作系统，Power Point 2016。

2. 7. 4　实验报告要求

本实验报告应包括以下内容：

（1）实验名称；

（2）实验目的和要求；

（3）操作方法和实验步骤；

（4）实验数据记录和处理；

（5）实验结果与分析；

（6）体会、质疑、建议。

实验前要进行充分的预习准备；实验过程要独立完成；将实验的过程和数据记录在实验报告中；分析实验结果，总结对本次实验的体会。

第3章　电子表格处理

3.1　常用电子表格处理软件介绍

Microsoft Excel是微软公司研发的办公软件Microsoft Office的重要组件之一，是由Microsoft为Windows和Apple Macintosh操作系统而编写的一款试算表软件。它可以进行各种数据的处理、统计分析和辅助决策操作，广泛地应用于管理、统计财经、金融等众多领域。

在教育教学领域中，教师可用于进行学生成绩统计、数据分析、评价量规制作、成绩通知单制作等工作。

3.2　Excel 2016的启动、退出、窗口组成

3.2.1　Excel 2016的启动

双击桌面上的Excel 2016图标或单击右键选择“打开”，即可进入Excel 2016界面，如图3-1所示。

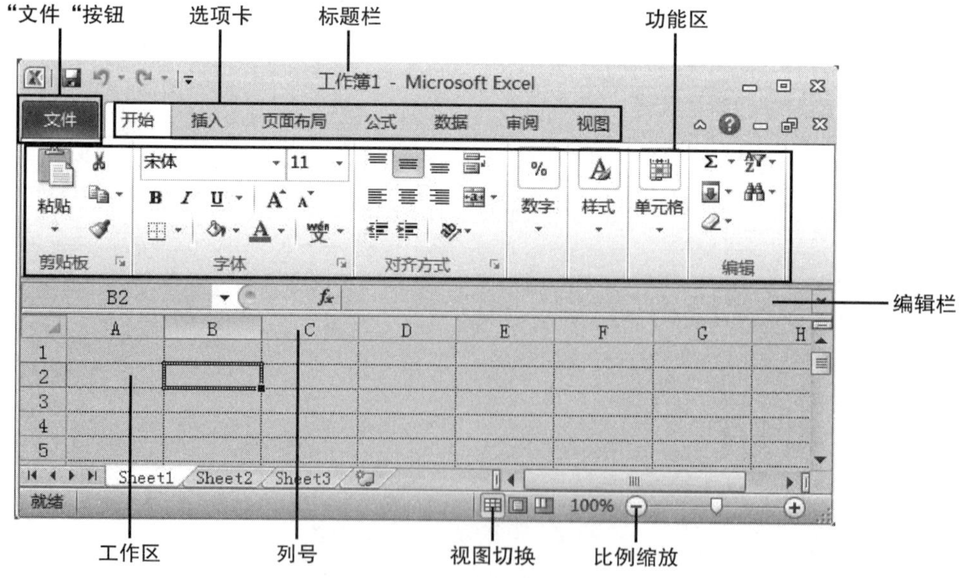

图3-1　Excel 2016的界面

3. 2. 2　窗口组成

由图 3–1 可知，Excel 的窗口由标题栏、功能区、名称框、编辑栏、工作区、视图切换区和比例缩放区等组成。

（1）功能区

可以通过“选项卡”和“功能区”的各项功能（图 3–2）对表格进行个性化设计。

① 新建一个空白的 Excel 表格，点击菜单栏最左边的“文件”选项卡（图 3–2）。

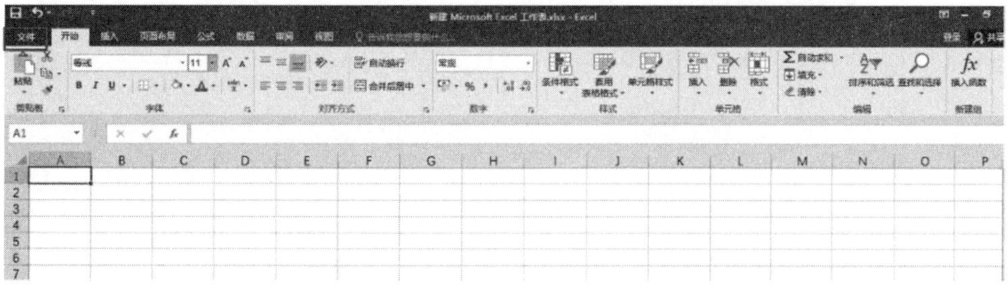

图 3–2　选择“文件”

② 在列表框中选择“选项”，打开“Excel 选项”对话框（图 3–3，3–4）。

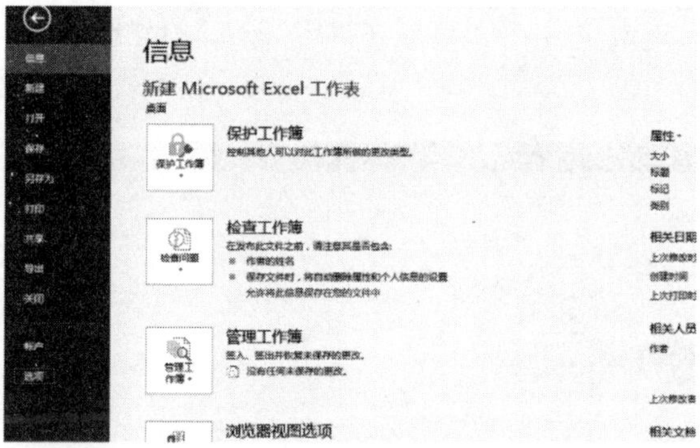

图 3–3　选择“选项”

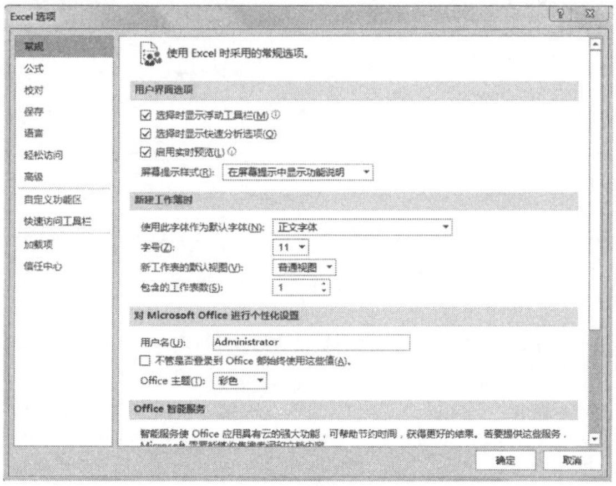

图 3–4　“Excel 选项”对话框

③ 在对话框的左边菜单中选择“自定义功能区”选项，在右边的“主选项卡”中添加“新建组”(图 3–5)。

图 3–5 添加“新建组”

④ 对新建组重命名，单击“确定”。然后在自定义的“新建组”中添加自己在工作中需要经常使用的命令(图 3–6)。

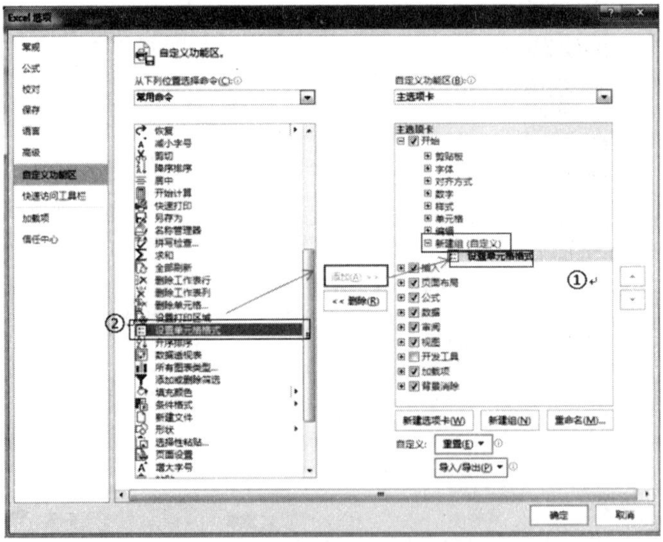

图 3–6 添加自定义命令

⑤ 单击“确定”按钮，自定义的命令会出现在功能区中，如图 3–7 所示。

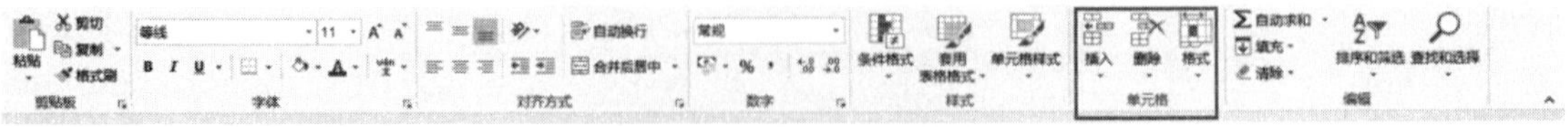

图 3–7 自定义命令出现在功能区

以下是“功能区”的一些常用工作按钮：

- 插入超链接：插入或编辑指定超链接。
- 自动求和：用于输入求和函数 SUM 并可选择求和的区域。
- 粘贴函数：显示粘贴函数对话框，用户可设置参数、选择函数求值区域。
- 图表向导：启动“图表向导”，指导用户建立或修改工作表中的嵌入式图表。
- 绘图：显示或隐藏绘图工具栏。

（2）编辑栏

Excel 窗口中的编辑栏用于输入或编辑单元格或图表中的值或公式，显示存储于活动单元格中的常量或者公式。它位于 Excel 窗口顶部的条形区域，如图 3–8 所示。

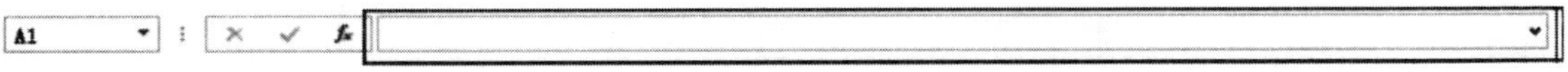

图 3–8　编辑栏位置

（3）工作表

工作表为 Excel 2016 的主体，由单元格组成，每个单元格由行号和列号来确定，行号位于工作表的左端，由数字表示；列号在工作表的上端，由大写英文字母表示（图 3–9）。

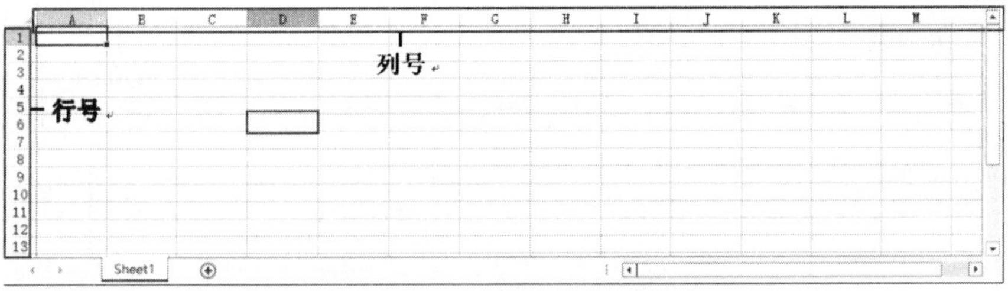

图 3–9　工作表的行号和列号

工作表标签位于工作表下端，用 Sheet1，Sheet2 等来表示，也可以重命名。单击工作表标签可以切换到对应的工作表（图 3–10）。

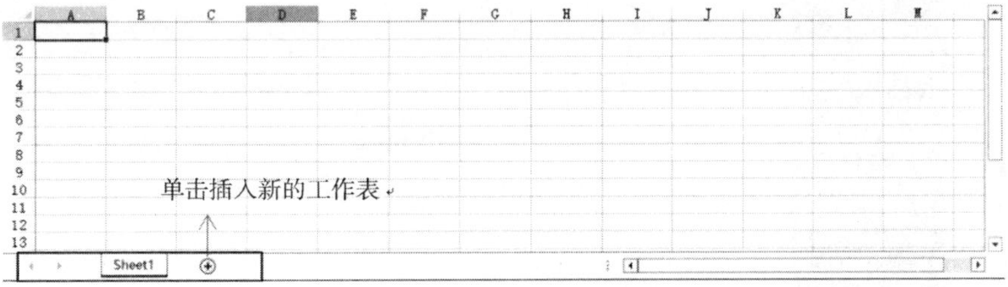

图 3–10　工作表标签

3.2.3　Excel 2016 的退出

单击标题栏最右侧的“×”按钮即可退出 Excel 2016。

3.3 工作表的建立及基本操作

3.3.1 工作簿、工作表、单元格的关系

工作簿、工作表和单元格之间是包含与被包含的关系，即工作簿包含一张或多张工作表，而一张工作表则包含多个单元格（图 3-11）。

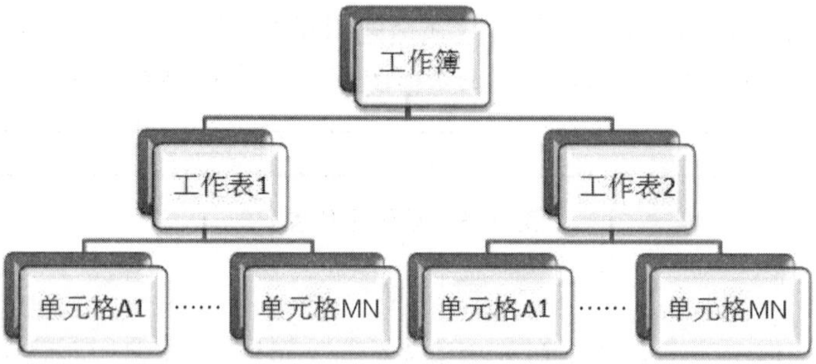

图 3-11　关系结构示意图

3.3.2 创建工作簿

在 Excel 中新建工作簿可分为新建空白工作簿和通过模板新建工作簿两种情况。

（1）新建空白工作簿

Excel 在启动后会自动新建一个名为“Book1”的空白工作簿，也可以根据实际需要手动新建空白的工作簿。

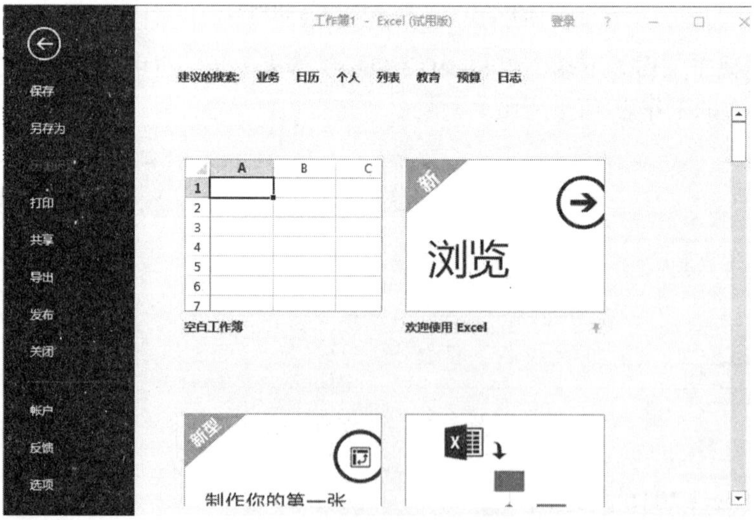

图 3-12　创建空白工作簿

（2）通过模板新建工作簿

Excel 中有许多模板，通过这些模板，可以新建各种专业表格样式的工作簿。

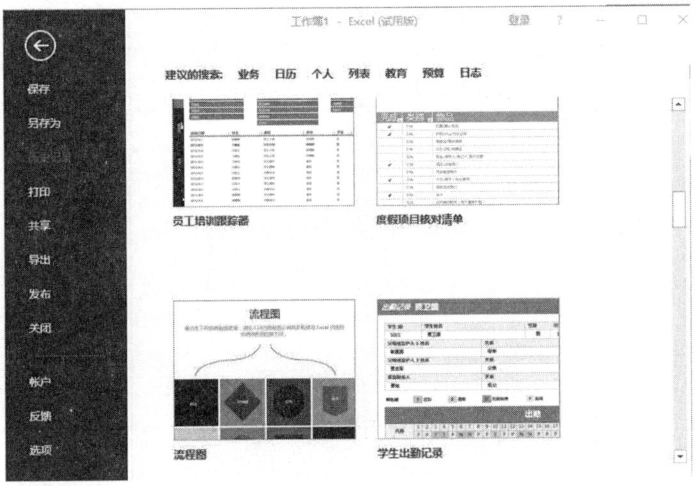

图 3–13　选择模板

3. 3. 3　创建工作表

用 Excel 新建工作表有两种方法。

方法 1：使用工作表标签。打开 Excel 表格，在工作表标签的右侧有 ⊕ 按钮，点击即可添加一个新的工作表，如图 3–14 所示。

图 3–14　使用工作表标签创建工作表

方法 2：使用菜单栏。打开 Excel 表格，点击菜单栏【开始】选项卡【单元格】组【插入】按钮右侧的倒三角，在弹出的下拉菜单中选择“插入工作表”，如图 3–15 所示。

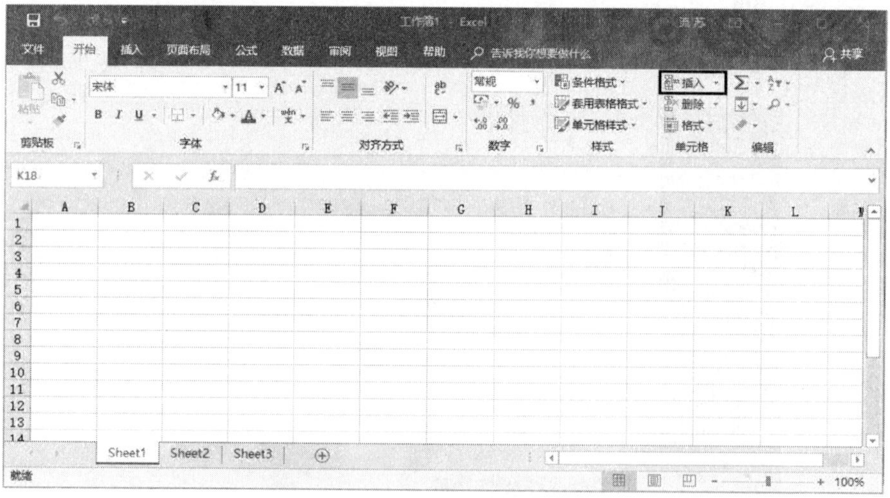

图 3–15　使用菜单栏创建工作表

3. 3. 4　操作工作表

（1）选取单元格

① 单个单元格的选取

同一时刻，工作表中只能有一个单元格被选中。将鼠标放在想要选中的单元格上，单击，此时该单元格周围被粗框包围，代表该单元格被选中，然后就可以在此单元格中输入数据。也可以在编辑栏中输入单元格地址（如 B3），按下“Enter”键选中单元格。

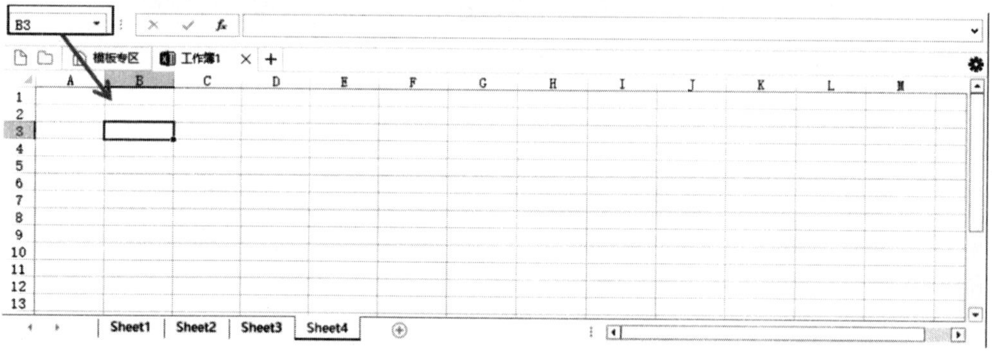

图 3–16　选中单元格

② 多个单元格的选取

a. 要选取一行或一列，单击该行或该列的行号或列号即可；

b. 要选取相邻的行或列，可以按住鼠标左键不放，并往下或往右拖拽；

c. 要取整个工作表，单击工作表左上角行列交叉的按钮即可。

（2）输入数据

① 输入常量数据

常量数据包括文本型、数值型和时间日期型。

a. 文本型输入：包括汉字、英文字母、数字、空格以及其他键盘能输入的符号。文本输入会自动左对齐。若输入的文字长度超出单元格宽度，可以在单元格中分行，方法是在按住“Alt”键的同时按“Enter”键（硬回车），或者将该单元格宽度变宽，否则将截断显示。

b. 数值型手动输入：

● 输入分数：在 Excel 中，若在单元格中直接输入“1/2”，按回车键则显示“1 月 2 日”，若要显示分数，应在前面加“0”和一个空格，比如要显示“1/2”，则应该输入“0 1/2”。如果在单元格中输入“8 1/2”，按回车键后在单元格中显示“8 1/2”，在编辑栏中则显示“8.5”。

● 输入负数：可在数字前加“–”，也可将数字置在括号（ ）内，比如在单元格中输入“(88)”，按回车键后会自动显示“–88”。

● Excel 支持几乎所有的货币符号，如 ¥（人民币）、£（英镑）等。可将需要的单元格格式改为货币型，并选择所需的货币符号和小数位数。如选择货币符号为 ¥（人民币），小数位数为 2，在单元格中输入“10”，按回车键后会自动显示“¥10.00”。

● 在 Excel 2016 中输入位数超过 15 位的长串数字有时候会出现一些问题，比如输入身份证号码或者序列号，输入的结果会以科学计数法表示。有两种方法可以在 Excel 2016 中正常显示长串数字。第一种为用右键点击单元格空白处，在弹出的菜单中选择“设置单元格格式”，在“设置单元格格式”对话框“数字”选项卡的下拉列表中选择“文本”。第二种是在输入数字时先输入一个英文状态下的单引号。

● 输入日期和时间数据：可以用斜杠“/”或者“–”来分隔日期中的年、月、日。时间则既可以按 24 小时制输入，也可以按 12 小时制输入，这两种输入的表示方法是不同的，比如要输入下午 2 时 30 分 38 秒，用 24 小时制输入格式为 14:30:38，而用 12 小时制输入格式为 2:30:38 p，注意字母“p”和时间之间有一个空格。

c. 数据型自动输入：当数据有规律时，可以采取自动输入数据的功能。它根据数据初始值来决定填充项的值。选中初始单元格，将鼠标移至其右下角，变成黑色十字时按下鼠标左键不放，并拖拽至要填充的最后一个单元格即可完成填充（图 3–17）。

● 当单元格内容为纯数字、纯字符或是公式时，填充即为复制。

● 当单元格内容为文字数字混合体时，填充的文字不变，最右边的数字依次递增。

● 当单元格内容为 Excel 预设的自动填充序列中的一员时，按预设序列填充。

● 当连续单元格的内容为等差关系时，选中该区域后可用自动填充的方式反向或正向填充。

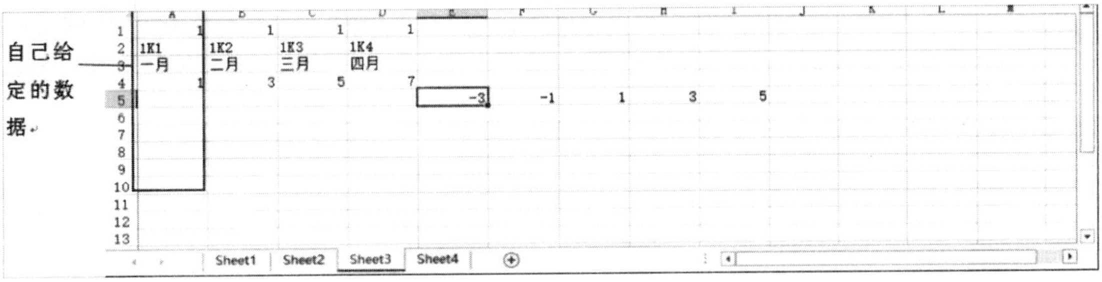

图 3–17　数据的自动填充

使用菜单命令可以自动产生一系列数据，步骤如下：

● 在第一个单元格输入第一个数字，随意点击工作表上任意一个地方。

● 再次点击输入数字的单元格，点击【开始】选项卡【编辑】组中的“填充”按钮，在填出来的对话框中选择是按行填充还是按列填充，以及需要的序列类型，输入“步长值”、“终止值”（注意终止值要比初值 + 步长值大），点击“确定”即可，如图 3–18 所示。

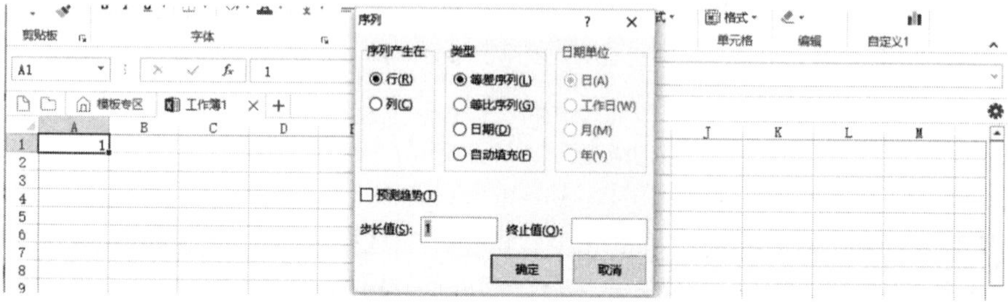

图 3–18　自动产生一系列数据

② 插入公式

a. 在工作表中选择需要插入函数的单元格，单击【公式】选项卡【函数库】组中的“插入函数”按钮，如图 3–19 所示。

图 3–19　打开“插入函数”窗口

b. 打开“插入函数”对话框，在“或选择类别”下拉列表中选择需要使用的函数的类别，这里选择“常用函数”选项；在“选择函数”列表框中选择需要使用的函数，然后单击“确定”按钮，如图 3–20 所示。

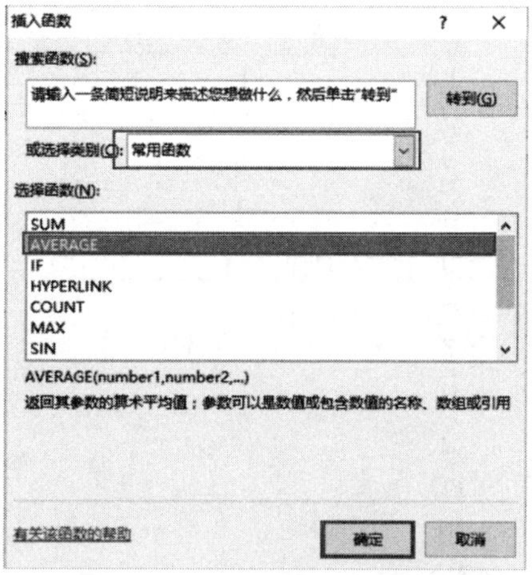

图 3–20　选择类别和具体函数

c. 打开“函数参数”对话框，在“Number 1”文本框中输入需要进行计算的数据所在的单元格地址，按回车键后结果自动出现在等号右边，如图 3–21 所示。也可以单击“Number1”文本框右侧的“参照”按钮获得单元格地址。

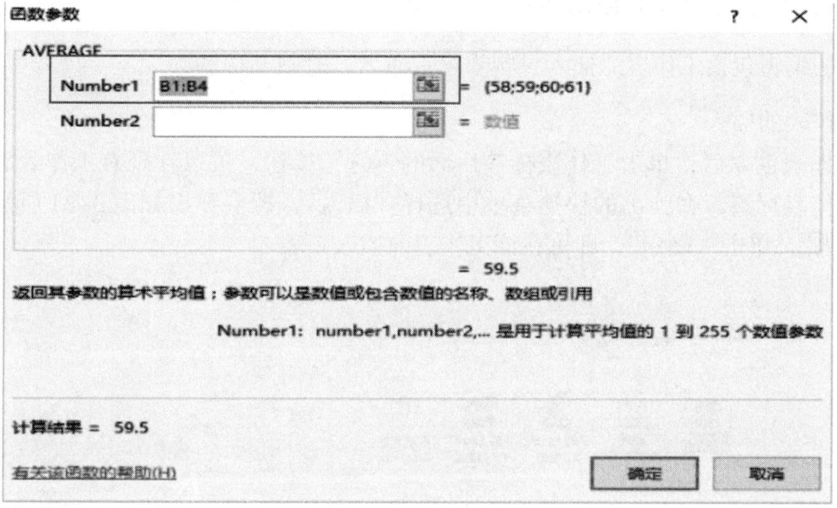

图 3–21　输入数据的单元格

为了方便操作，Excel 2016 会根据插入函数的位置给出一个默认的参数。如果不需要更改该参数，直接单击“确定”按钮插入函数即可。也可以直接在“Number 1”和“Number 2”文本框中输入参数。

d. 完成公式的设置后单击“确定”按钮，单元格中即会显示函数的计算结果，如图 3–22 所示。

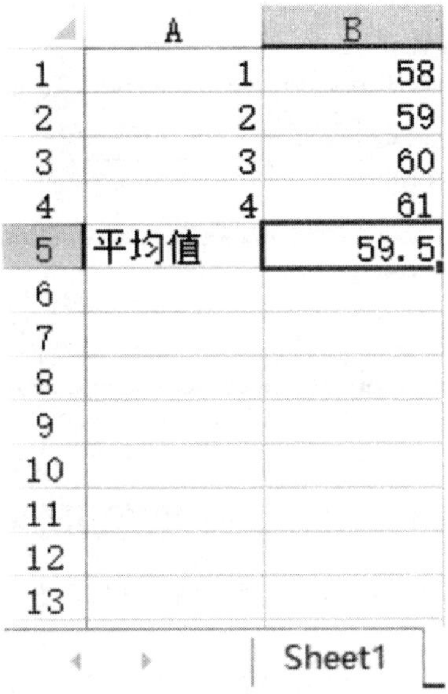

图 3-22　显示函数的计算结果

3. 3. 5　工作表的编辑和格式化

工作表的编辑包括工作表的插入、删除、重命名、复制、移动等。

（1）工作表的插入

空白工作表创立后，单击工作表标签后面的“⊕”按钮，可以在现有工作表后插入新表。右击任一工作表标签，在弹出的快捷菜单中选择“插入”，即会弹出如图 3-23 所示的对话框，选择“工作表”，单击“确定”，即可在该工作表前插入新表。

图 3-23　“插入”对话框

（2）工作表的删除

右击想要删除的工作表标签，在弹出的快捷菜单中点击“删除”，注意，工作表删除后将不能恢复，且默认不再使用该工作表名称，如删除了 Sheet2，则新表名默认为 Sheet3，Sheet4……

（3）工作表的重命名

双击想要重命名的工作表，此时工作表的名字将突出显示，直接输入新名称，再按“Enter”键即可。

（4）工作表的复制和移动

① 右击工作表标签，在弹出的快捷菜单中选择“移动或复制”。

② 选择要复制到的工作簿，并指定放在哪个工作表前（放错了也没关系，按住工作表标签拖动可调整位置）。

③ 选中“建立副本”复选框表示复制，不选中表示移动，可根据需要确定是否选中（图 3–24）。

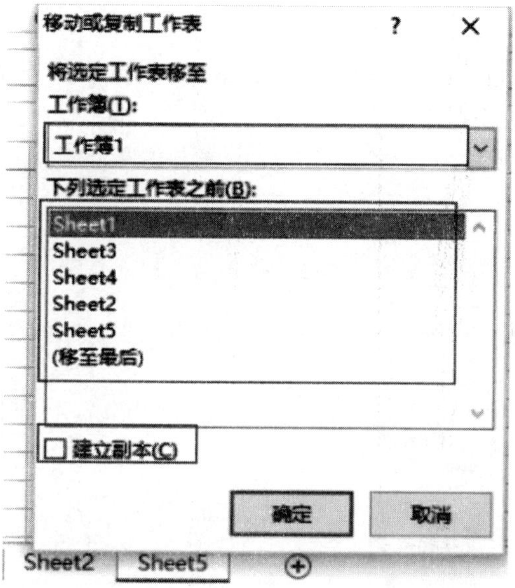

图 3–24　工作表的复制和移动

可以对工作表中的数据格式化，使其排列整齐、重点突出。

（1）数字格式化

在单元格中输入数字，点击工作表中任意位置，再次单击输入数字的单元格，右击，在弹出的快捷菜单中点击“设置单元格格式”，在弹出的对话框中选择“数字”选项卡，选择“自定义”，在右侧文本框中输入想要的数字格式，例如“00–00–000”；也可以选择已经给出的格式，最后按“确定”按钮即可（图 3–25）。

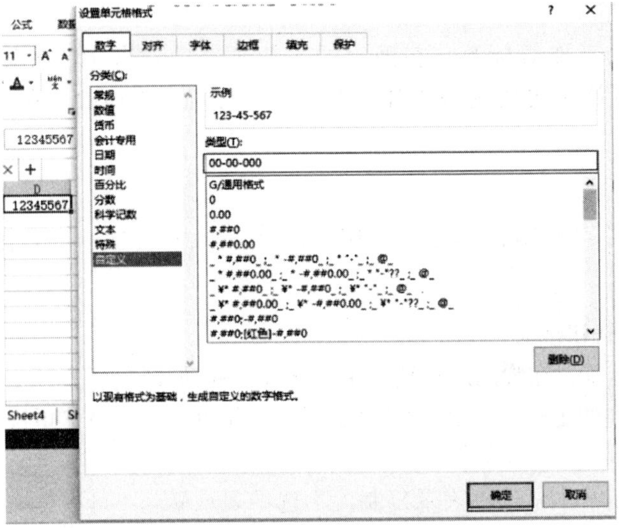

图 3–25　工作表的数字格式化

（2）对齐格式化

默认情况下，根据输入的数据自动使用对齐格式，也可以自定义。在单元格中输入内容，点击工作表中任意位置，再次单击输入内容的单元格，右击，在弹出的快捷菜单中点击“设置单元格格式”，在弹出的对话框中选择“对齐”选项卡，设置所需的单元格的对齐格式，点击“确定”即可（图 3–26）。

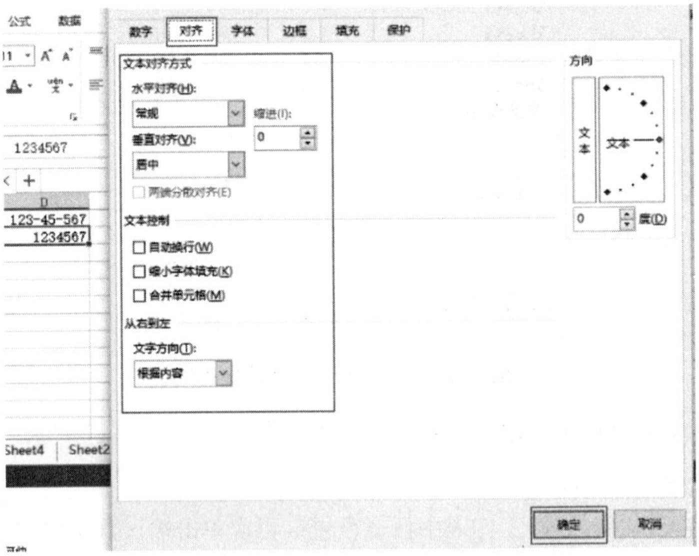

图 3–26　工作表的对齐格式化

（3）字体格式化

包括字体类型、字体形状、字体尺寸三个方面。在单元格中输入内容，点击工作表中任意位置，再次单击输入内容的单元格，右击，在弹出的快捷菜单中点击“设置单元格格式”，在弹出的对话框中选择“字体”选项卡，设置所需的字体、字号、字形，点击“确定”即可（图 3–27）。

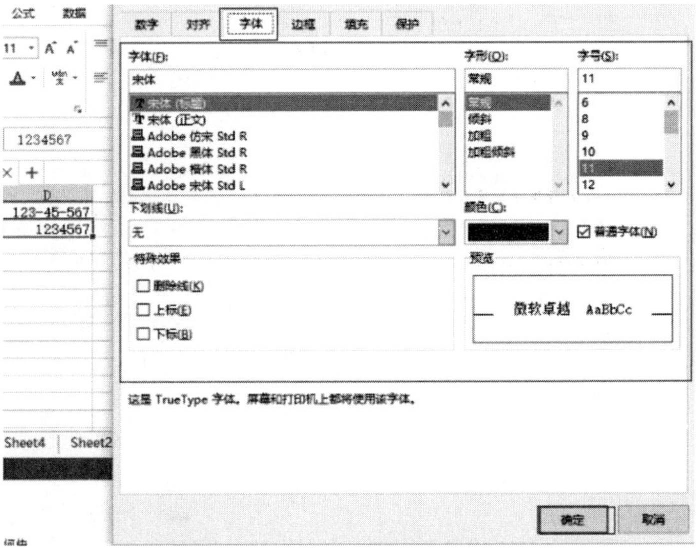

图 3–27　工作表的字体格式化

（4）边框线格式化

在单元格中输入内容，点击工作表中任意位置，再次单击输入数字的单元格，右击，在弹出的快捷菜单中点击“设置单元格格式”按钮，在弹出来的对话框中选择“边框”选项，设置所需要的边框线格式，点击“确定”即可（图 3–28）。

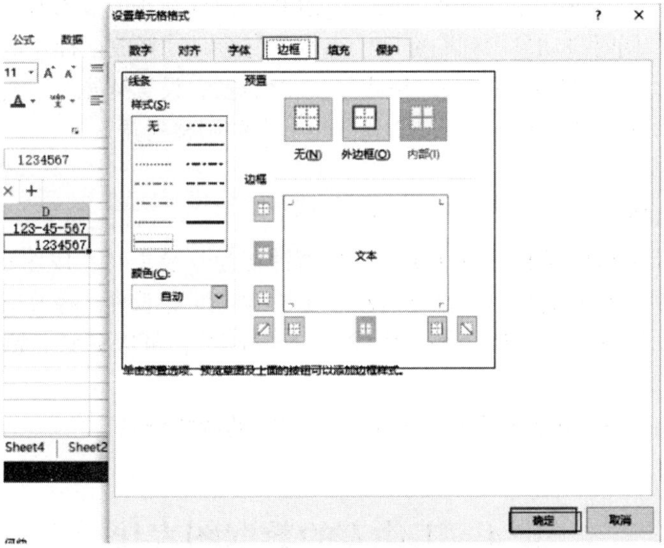

图 3–28　工作表的边框线格式化

（5）图案格式化

在工作表中选择某一个区域，单击鼠标右键，在弹出的快捷菜单中点击“设置单元格格式”按钮，在弹出的对话框中选择“填充”选项，设置所需要的背景颜色或图案颜色，点击“确定”即可（图 3–29）。

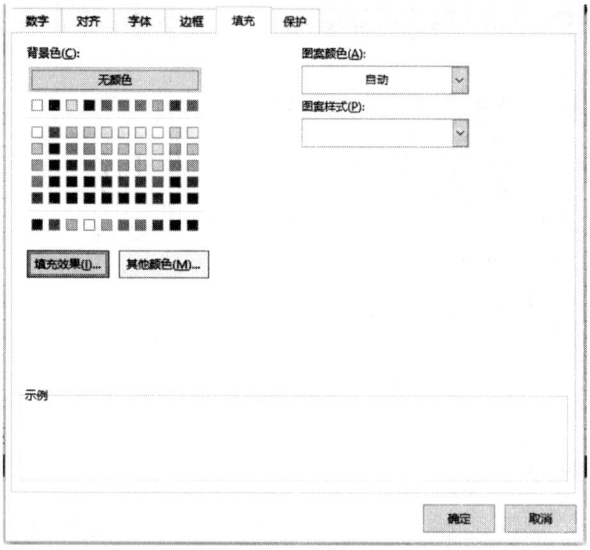

图 3–29　工作表的图案格式化

3. 3. 6　调整列宽和行高

（1）改变列宽

改变列宽的方式有：

① 将鼠标指针移到列标的右边框线上，当指针变为双箭头时，按住鼠标左键并拖动分隔线向右或向左移动，同时自动显示列的宽度，当宽度合适时，释放鼠标左键。

② 点击“开始”→“单元格”→“格式”→“列宽”，设置列宽。

③ 点击“开始”→“单元格”→“格式”→“自动调整列宽”。

（2）改变行高

改变行高的方式有：

① 将鼠标指针移到行标的下边框线上，当指针变为双箭头时，按住鼠标左键并拖动分隔线向上或向下移动。当拖动时，行的高度自动显示，当高度合适时，释放鼠标左键。

② 点击“开始”→“单元格”→“格式”→“行高”，可以调整行高以适合行中最大字号、字体的高度。

③ 点击“开始”→“单元格”→“格式”→“自动调整行高”。

3. 4　工作表的数据图表化

一个报表如果是纯表格的形式，会让人看起来眼花缭乱、不直观，如果把它转成图表的样式，看起来就会非常的直观、明确，下面介绍如何创建及编辑数据图表。

3. 4. 1　创建图表

打开 Excel，选择建立图表的数据区域，如图 3–30 所示。单击【插入】选项卡，在【图表】组中单击“插入柱形图或条形图”旁的下三角按钮，在下拉列表中选择“簇状柱形图”，如图 3–31 所示。

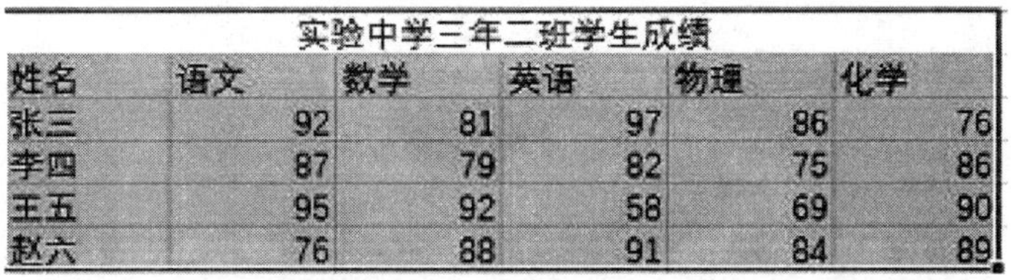

实验中学三年二班学生成绩					
姓名	语文	数学	英语	物理	化学
张三	92	81	97	86	76
李四	87	79	82	75	86
王五	95	92	58	69	90
赵六	76	88	91	84	89

图 3–30　选择数据区域

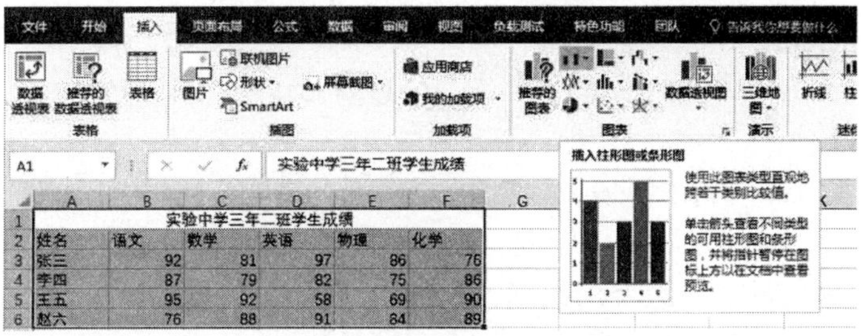

图 3–31　选择图表类型

单击【设计】选项卡【数据】组中的“切换行 / 列”按钮，切换行与列，让图标变得更直观，如图 3–32 所示。

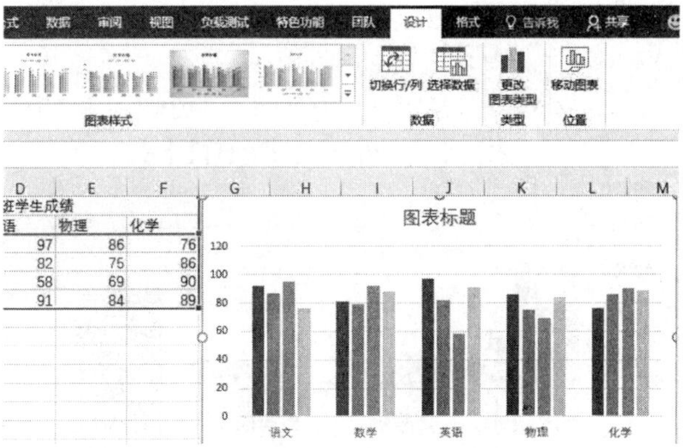

图 3–32　切换行 / 列

右击“图表标题”，在弹出的快捷菜单中选择“编辑文字”，如图 3–33 所示。

图 3-33　编辑文字

3. 4. 2　编辑图表

（1）柱形图

在创建了图表之后，如果感觉坐标轴上的刻度不太精确，或图表中的数据值不太明确，则可以通过改变坐标轴格式来解决这个问题。图表坐标轴包括数值轴和分类轴，在分类轴里可以显示任何文本，而数值轴显示数字的间隔，如图 3-34 所示的柱形图，水平分类轴里显示代表分类的标志，垂直数值轴表示数字刻度。

（2）散点图与折线图

Excel 中的 XY 散点图和折线图与其他图表类型不同，它们使用两个数值轴，如图 3-35 所示。

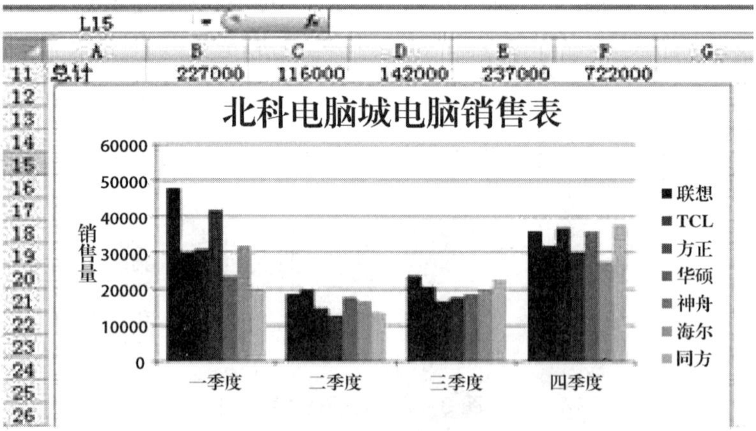

图 3-34　柱形图

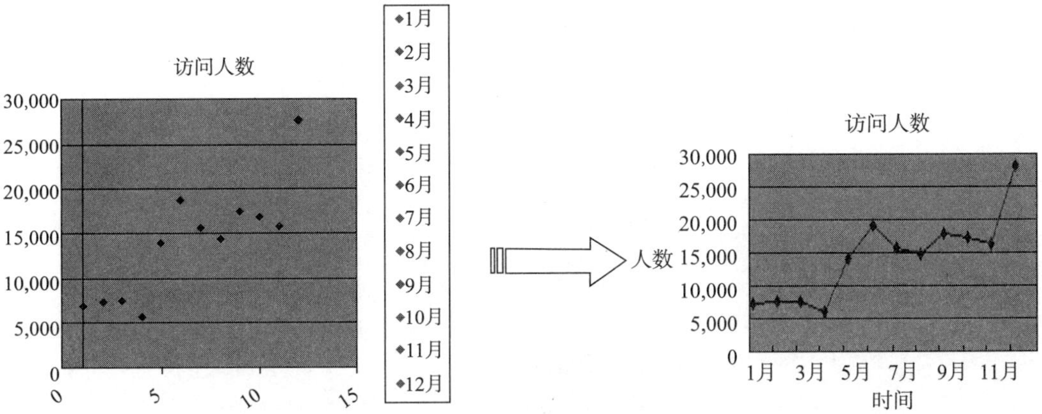

图 3–35　XY 散点图和折线图

在 XY 散点图中，如果数字轴年份与分类轴年份的间隔相同，则会呈现出一个线性的趋势图。但如果分类轴非数字，并假定与数字轴年份的间隔相等，就会呈现出一个错误的走势图。

Excel 中数值轴的数字范围代表轴的刻度，默认情况下将会自动测量每个数值轴，基于数据轴的最大刻度和最小刻度，计算出每个轴刻度的主要单位和次要单位，以及网格线的多少；也可以自己设置最小值、最大值、主要单位和次要单位等。

3. 5　工作表的数据排序与筛选

3. 5. 1　对单行（单列）进行排序

对单行（单列）进行排序的方法有两种：

方法 1：将收集的数据输入到工作表中，单击右键，选择“排序”，根据需要选择升序、降序或自定义排序等。如图 3-36 为自定义排序的设置界面，可以选择列、排序依据、次序等，最后点击“确定”即可。在 Excel 中，汉字排序方式有多种。按照上面所述的方法默认是按照列进行排序，也就是标题为第一行；如果选择排序方式为按行排序，则第一列为标题列。默认是按照字母进行排序的，也可按照笔画进行排序：点击“排序”对话框中的“选项”按钮，选择笔画排序，单击“确定”即可，如图 3–37 所示。

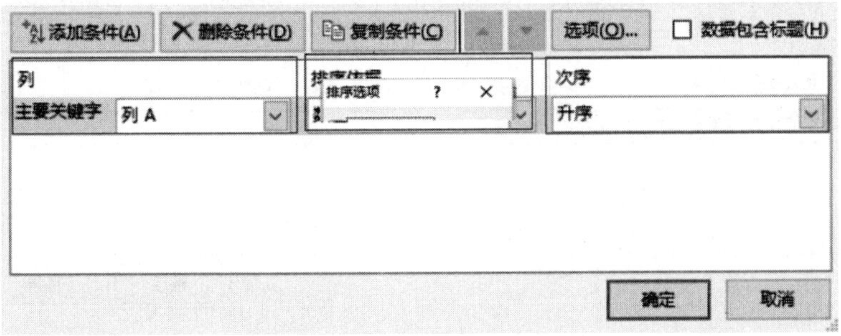

图 3–36　自定义排序

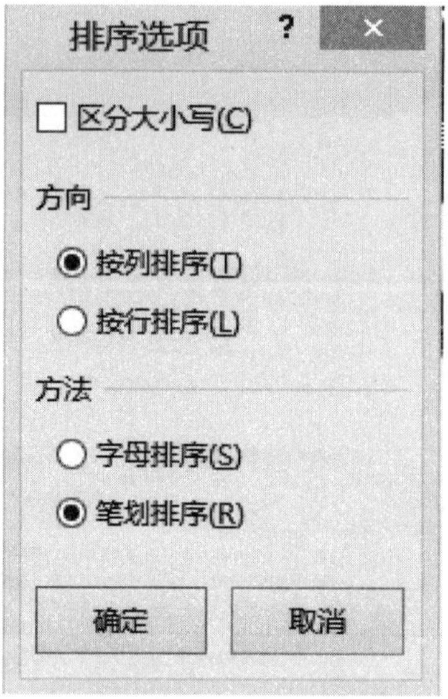

图 3–37　排序选项

方法 2：将收集到的数据输入到工作表中，选中数据区域，点击“开始”→“编辑”→“排序和筛选”，其后步骤与方法 1 相同，如图 3–38 所示。

图 3–38　通过菜单栏设置排序

3. 5. 2　多列（多行、多个关键字）同时排序

在表格中选择需要排序的多列（多行），单击【开始】选项卡【编辑】组“排序和筛选”按钮，在下拉列表中选择“自定义排序”选项，弹出“排序”对话框，点击“添加条件”按钮，添加“次要关键字”。勾选右上角的“数据包含标题”复选框，主要关键词和次要关键词后面的名字文本框中会自动填写标题栏中的文字，剩下的步骤和单行 / 单列的一样，最后点击“确定”保存设置。

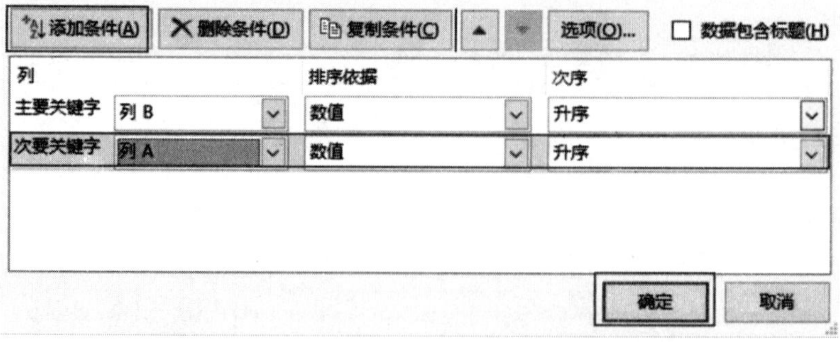

图 3–39　多列（多行、多个关键字）同时排序

3. 5. 3　自定义排序

将收集的数据输入到工作表中，点击“文件”→“选项”→“高级”，在右边选项框“常规”组中选择“编辑自定义列表”(图 3–40)。

图 3–40　勾选“编辑自定义列表”

按照个人需要的顺序输入一个序列，每一个序列之间可以按“Enter”键隔开，也可以用英文输入法的“逗号”隔开。输入完毕后，点击“添加”按钮即可 (图 3–41)。最后按照单行 / 单列的排序方式，选择自定义选项，找到自定义序列，点击“确定”即可。

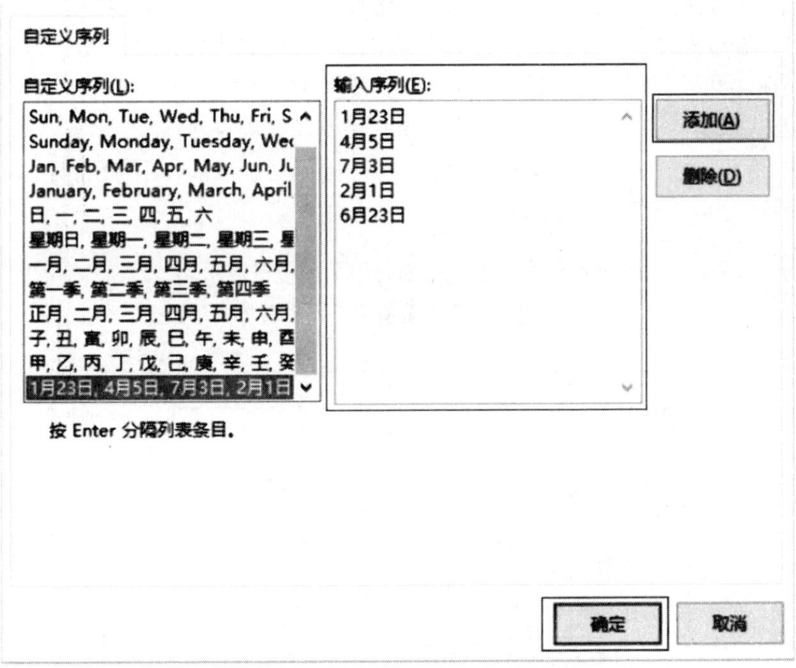

图 3–41　添加序列

3. 5. 4　对数据进行筛选

当工作表中的数据过多，且直观上无法直接区分或者区分很麻烦时，可以使用筛选功能。具体操作如下：

① 将收集到的数据输入到工作表中，然后点击标题栏，单击右键，在弹出来的快捷菜单中选择“筛选”。

② 根据需要选择合适的筛选功能，如选择“按所选单元格的值筛选”，标题栏右侧会出现一个按钮，点击此按钮，在弹出来的下拉列表中选择需要的数据，再点击“确定”，此时就只会显示需要的数据。

3. 6　综合实验

3. 6. 1　实验目的

通过本节的学习，使学生能够完成 Excel 中要求有一定综合能力的实验，能够熟练掌握数据输入及格式化，输入公式、函数及图表，管理数据等内容，能解决实际问题。

3. 6. 2　实验内容

【实验 1】

河南驻马店金马电脑有限公司 2006 年 3 月的工资报表如图 3–42 所示，现在要为公司中的员工发工资，请你帮他们完成这张表并计算表中的每一项值。要求如下：

① 标题为 16 号黑体、表格内容为 16 号宋体，岗位代码为数值型，所得税为两位小数。

② 表格边框为双线蓝色 0.5 磅，内部为单线黑色 0.75 磅。

③ 利用公式求出工资合计，工资合计 = 基本工资 + 奖金 – 水费。

④ 引用所得税单元格（5%）计算每个人的所得税。所得税 =（工资合计 –800）*5%。

⑤ 利用函数分析奖金大于 200 的所有职工的基本工资合计。

河南驻马店金马电脑有限公司工资情况表

单位：金马电脑有限公司财务处

时间：2006年3月

项目 姓名	工资发放项目		水费	工资合计	所得税	岗位代码
	基本工资	奖金			5%	
张 明	1300	300	30			1801
李 朋	1300	300	30			1801
李 东	1300	300	30			1801
孙学崇	1100	250	20			1802
王小红	1100	200	20			1802
赵风景	1100	150	20			1802
奖金大于200的所有职工的基本工资合计						

图 3–42　工资情况表

【实验 2】

录入学生成绩（图 3–43）并按照要求进行数据处理。以“Ex1_ 学号 _ 姓名 .xlsx”为文件名保存。

	A	B	C	D	E	F	G
1		计算机2班部分学生成绩					
2	姓名	数学	外语	计算机	总分	总评	
3	吴华	98	77	88			
4	钱玲	88	90	99			
5	张嘉铭	67	76	76			
6	杨梅华	66	77	66			
7	汤慕华	77	65	77			
8	万科	88	92	100			
9	苏丹萍	43	56	67			
10	黄亚非	57	77	65			
11	最高分						
12	平均分						
13							

图 3–43　学生成绩表

① 计算所有学生的各科总分。

② 利用函数 AVERAGE 输入“数学”的平均分。

③ 求出各科的最高分和平均分，利用 IF 函数在课程总分≥ 270 分的学生的“总评”栏里填入“优秀”。

【实验 3】

录入原始数据并按照要求进行数据处理。

① 新建一个工作簿，将工作表 Sheet 1 重命名为“部门费用统计”，以下操作均在该工作表中进行。

② 在单元格 A1 中输入表格标题“部门费用统计表”，分别在 A2：I2 中输入列标题“序号”“时间”“姓名”“部门”“费用类别”“入账”“出账”“余额”与“备注”。

③ 将表格标题合并居中，设为隶书 20 号字，红色加粗。所有列标题设为微软雅黑 11 号字，加粗，居中。

④ 选择“序号”列，打开“设置单元格格式”对话框，单击“数字”选项卡，在“分类”列表框中选择“自定义”选项，在右侧的“类型”文本框中输入“000”，单击“确定”按钮。

⑤ 在 A3 中输入 1，A4 中输入 2，拖动填充柄到 A15。

⑥ 在其他列分别输入如图 3–44（a）所示内容。

⑦ 将“入账”“出账”“余额”列格式设置为“货币”，保留 1 位小数，货币符号为“¥”。

⑧ 分别在 E3、E5、E6、E7、E8 单元格中输入“办公费”“出差费”“第一季度进账”“宣传费”“招待费”。

	A	B	C	D	E	F	G	H	I
1	部门费用统计表								
2	序号	时间	姓名	部门	费用类别	入账	出帐	余额	备注
3	001	2013.3.5	张磊	开发部			500	4500	打印纸
4	002	2013.3.6	郭海涛	宣传部			800	4200	墨盒
5	003	2013.3.8	王大军	销售部			1200	3800	成都
6	004	2013.3.10	李志明	财务部		100000		100000	第一季度进帐
7	005	2013.3.11	章成	宣传部			1400	2800	广告
8	006	2013.3.12	季元	秘书处			1600	3400	招待所
9	007	2013.3.14	林东	开发部			1000	3500	茶叶
10	008	2013.3.17	孙伟	销售部			200	3600	复印
11	009	2013.3.19	王斌	秘书处			300	3100	硒鼓
12	010	2013.3.22	秦海潮	宣传部			400	2400	办公纸
13	011	2013.3.25	杜刚	销售部			500	3100	活动硬盘
14	012	2013.3.27	蒋京福	开发部			1100	2400	软件
15	013	2013.3.29	曾一多	秘书处			1300	1800	北海宾馆

（a）

2	费用类别
3	办公费
4	办公费
5	出差费
6	第一季度进账
7	宣传费
8	招待费
9	招待费
10	办公费
11	办公费
12	办公费
13	办公费
14	办公费
15	出差费

（b）

图 3–44　部门费用统计表及费用类别表

⑨ 依次右击“费用类别”列的空白单元格，在弹出的快捷菜单中选择“从下拉列表中选择”，从出现的下拉列表中根据图 3–44（b）选择适当的内容输入。

⑩ 在列标题上插入一行，行高 15。

⑪ 分别合并 A16:E16，F16:I16，在合并后的单元格中分别输入制表人和制表日期，字体格式为华文楷体，11 号字，分别左对齐和右对齐。

⑫ 给 A3:I16 区域添加边框，内外框均为蓝色。

⑬ 选定 A3:I16，以“部门”为主要关键字，“费用类别”为次要关键字，均按“升序”排序。

⑭ 按“部门”进行“出账”求和。

⑮ 清除全部分类汇总，对 A3:I16 进行自动筛选，显示办公费用高于 500 的记录。

⑯ 以各部门费用为数据源，创建各个部门费用的饼图，各部门柄上有数据标签。

3.6.3　实验环境

（1）件环境：PC 机；

（2）软件环境：Windows 操作系统，Excel 2016。

3.6.4　实验报告要求

本实验报告应包括以下内容：

（1）实验名称；

（2）实验目的和要求；

（3）操作方法和实验步骤；

（4）实验数据记录和处理；

（5）实验结果与分析；

（6）体会、质疑、建议。

实验前要进行充分的预习准备，实验过程要独立完成，将实验的过程和数据记录在实验报告中，分析实验结果，总结对本次实验的体会。

第 4 章　数据库简单应用

4. 1　Access 数据库管理系统简介

数据库就是存放各种数据的仓库。它运用数据库中的各种对象，记载和剖析各种数据。Microsoft Office Access 是由微软发布的将数据库引擎的图形用户界面和软件开发工具结合在一起的一个关系数据库管理系统。它支持向数据库中添加数据记录，编辑现有数据，删除数据记录，以不同的方式组织和查看数据，支持通过报表、电子邮件、Intranet 或 Internet 与他人共享数据。它将数据存储在基于 Access Jet 的数据库引擎里，还能够直接导入或者链接数据（来自其他应用程序和数据库的数据）。

4. 2　功能区介绍

4. 2. 1　命令选项卡

（1）【开始】选项卡

【开始】选项卡中包含【视图】【剪贴板】【排序和筛选】【记录】【查找】【文本格式】等选项组，如图 4–1 所示。

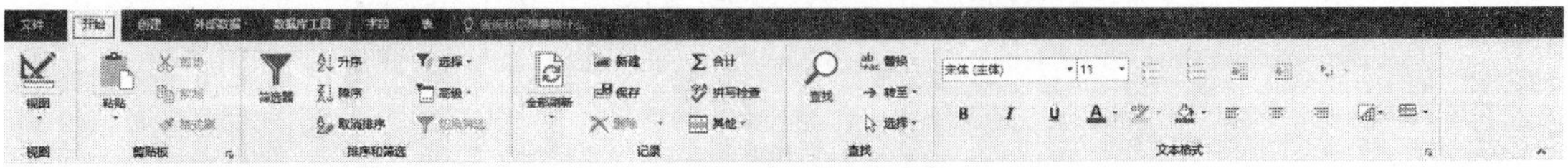

图 4–1 【开始】选项卡

①【视图】：选择不同的视图（图 4–2）。

图 4–2 【视图】选项卡

②【剪贴板】：使用剪贴板剪切、复制和粘贴（图 4–3）。

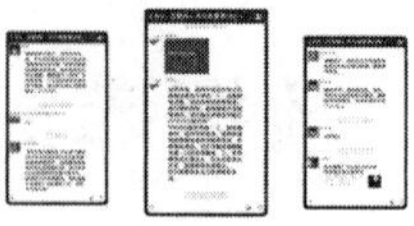

图 4–3 【剪贴板】选项卡

③【排序和筛选】：对记录进行排序和筛选（图 4–4）。

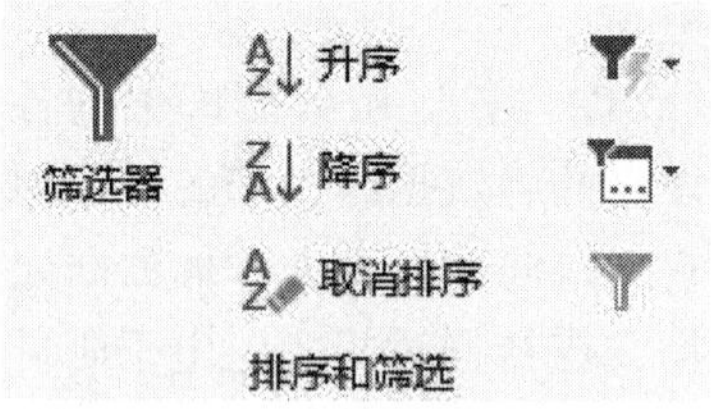

图 4–4 【排序和筛选】选项卡

④【记录】：操作数据记录（刷新、新建、保存、删除、汇总、拼写检查等）(图 4–5)。

图 4–5 【记录】选项卡

⑤【查找】：查找数据记录（图 4–6）。

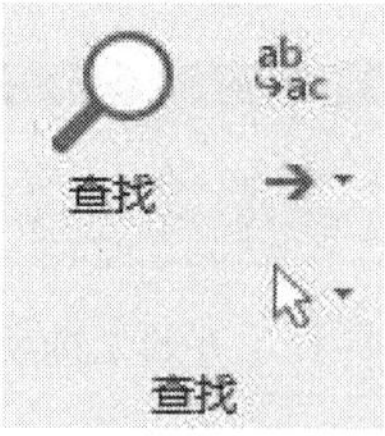

图 4–6 【查找】选项卡

⑥【文本格式】：设置字体格式（图 4–7）。

图 4–7 【文本格式】选项卡

（2）【创建】选项卡

【创建】选项卡中包含【模板】【表格】【查询】【窗体】【报表】【宏与代码】等选项组，其具体功能如下：

①【模板】：使用窗体模板（图 4-8）。

图 4-8 【模板】选项卡

②【表格】：创建新表、在 SharePoint 网站上创建列表和在设计视图中创建新的空白表（图 4-9）。

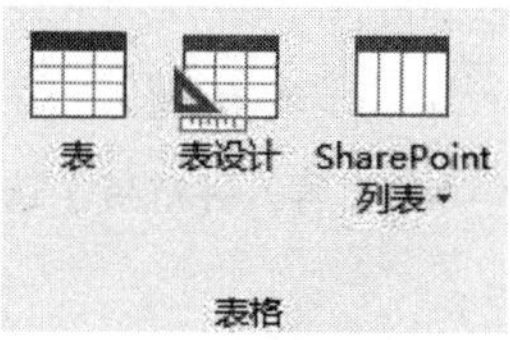

图 4-9 【表格】选项卡

③【查询】：创建新的查询（图 4-10）。

图 4-10 【查询】选项卡

④【窗体】：基于活动表或查询创建新窗体（图 4-11）。

图 4-11 【窗体】选项卡

⑤【报表】：基于表和查询创建新报表（图 4-12）。

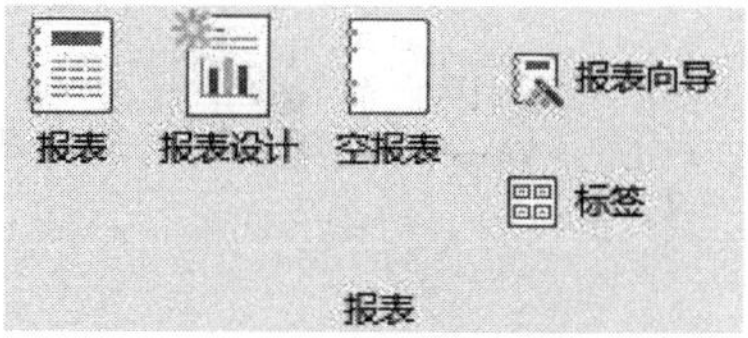

图 4-12 【报表】选项卡

⑥【宏与代码】：创建新的查询、宏和模块（图 4–13）。

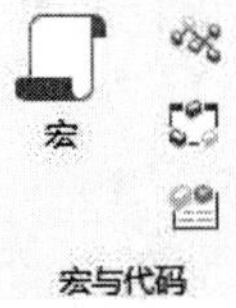

图 4–13 【宏与代码】选项卡

（3）【外部数据】选项卡

【外部数据】选项卡包含【导入并链接】和【导出】选项组，其具体功能如下：

①【导入并链接】：导入并链接到外部数据（图 4–14）。

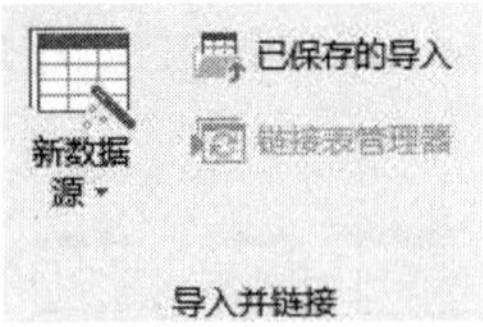

图 4–14 【导入并链接】选项卡

②【导出】：导出数据（图 4–15）。

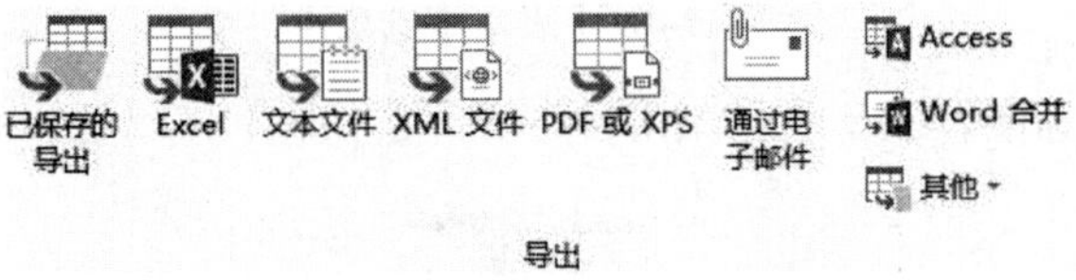

图 4–15 【导出】选项卡

（4）【数据库工具】选项卡

【数据库工具】选项卡包含【工具】【宏】【关系】【分析】【移动数据】【加载项】等选项组，其具体功能如下：

①【工具】：压缩和修复数据库（图 4–16）。

图 4–16 【工具】选项卡

②【宏】：启动 Visual Basic 或运行宏（图 4–17）。

图 4–17 【宏】选项卡

③【关系】：创建和查看表关系（图 4–18）。

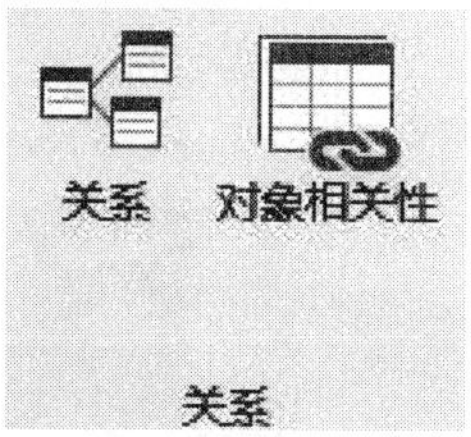

图 4–18 【关系】选项卡

④【分析】：运行数据库文档管理器或分析性能（图 4–19）。

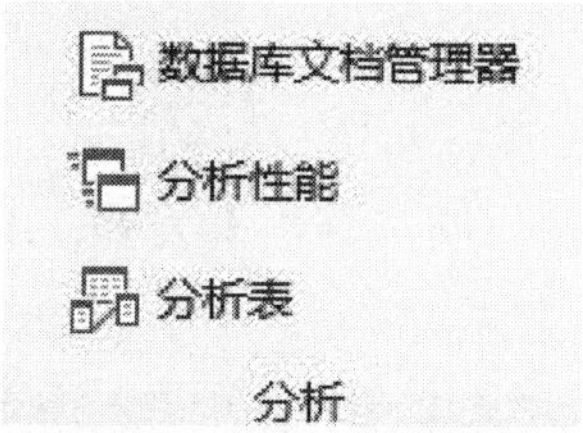

图 4–19 【分析】选项卡

⑤【移动数据】：将数据移至 Access（仅限于表）数据库（图 4–20）。

图 4–20 【移动数据】选项卡

⑥【加载项】：管理 Access 加载项（图 4–21）。

图 4–21 【加载项】选项卡

4. 2. 2　上下文命令选项卡

上下文命令选项卡是依据用户使用的对象或执行的任务显示的命令选项卡。例如，当用户在设计视图中设计一个数据表时，会显现【表格工具】下的【字段】和【表】选项卡，如图 4–22 所示。

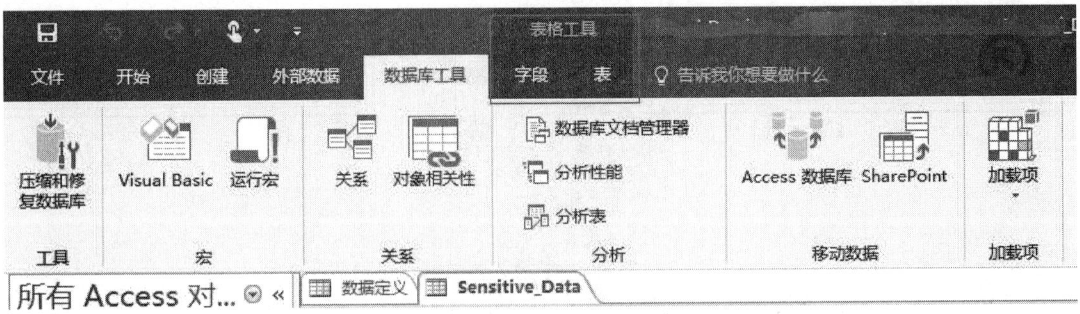

图 4–22 【表格工具】下的【字段】和【表】选项卡

4. 2. 3 快速访问工具栏

“快速访问工具栏”就是 Office 徽标右边显示的标准工具栏。单击快速访问工具栏右边的小箭头（ ），会弹出【自定义快速访问工具栏】菜单，用户可以在该菜单中设置要在该工具栏中显示的图标，如图 4–23 所示。

图 4–23 【自定义快速访问工具栏】菜单

4. 3　创建数据库

1. 点击桌面的 Access 2016 图标，打开软件。
2. Access 2016 给我们提供了很多的数据库模板（图 4–24）。

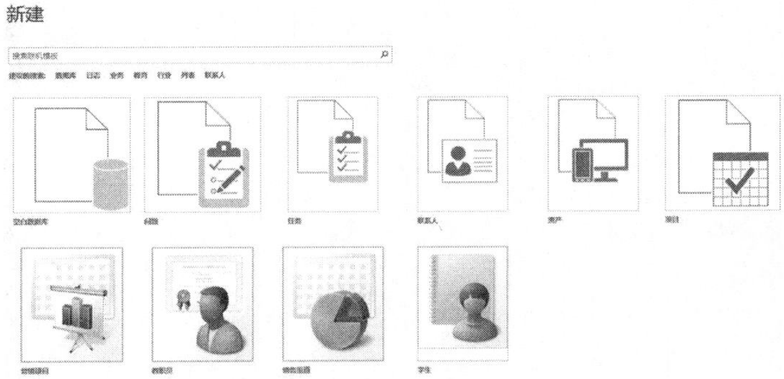

图 4–24　数据库模板

3. 点击“空白数据库”，选择保存路径，点击“创建”（图 4–25）。

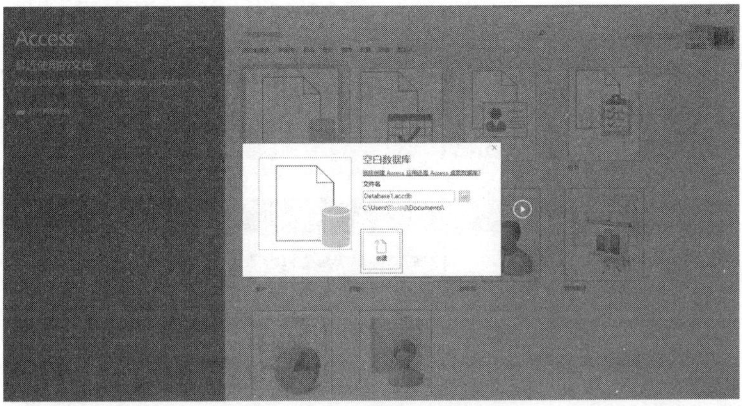

图 4–25　创建“空白数据库”

4. 4　查询更新数据

（1）打开已经建立好的 Access 数据库。

（2）选择【创建】选项卡【查询】组中的“查询向导”（图 4–26）。

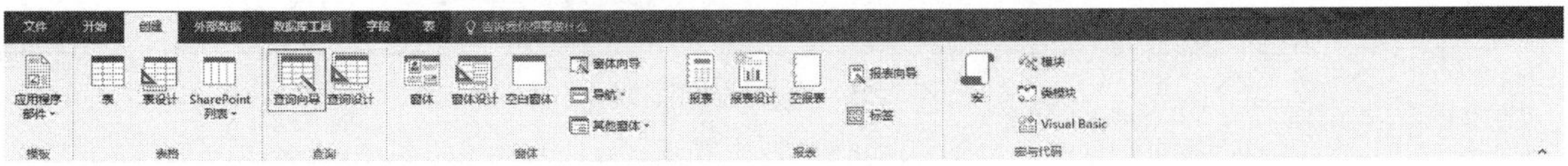

图 4–26　“查询向导”

3. 在打开的“新建查询”对话框中选择“简单查询向导”，点击“确定”(图 4–27)。

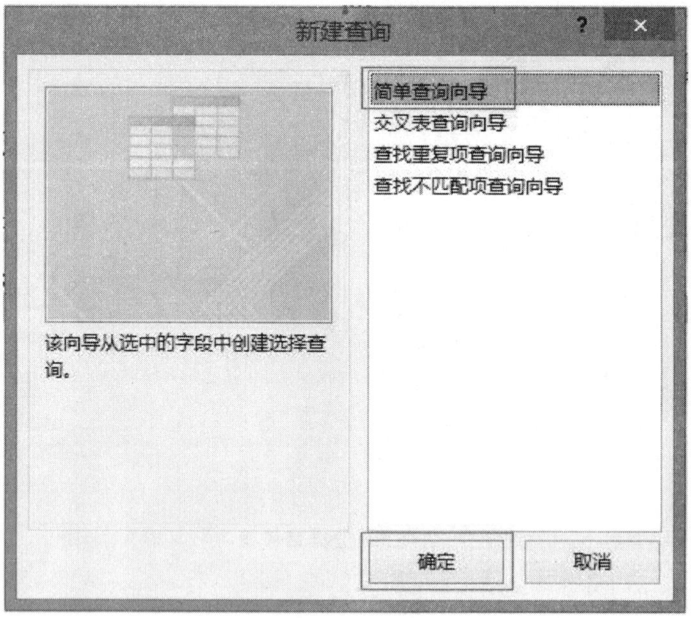

图 4–27　新建查询

（4）在弹出的“简单查询向导”对话框的“可用字段”中点击“Data_Name”，点击“>”将它发送到“选定字段”中（图 4–28）。单击“下一步”，选中“打开查询查看信息”，再单击“完成”，就完成了简单的查询（图 4–30）。

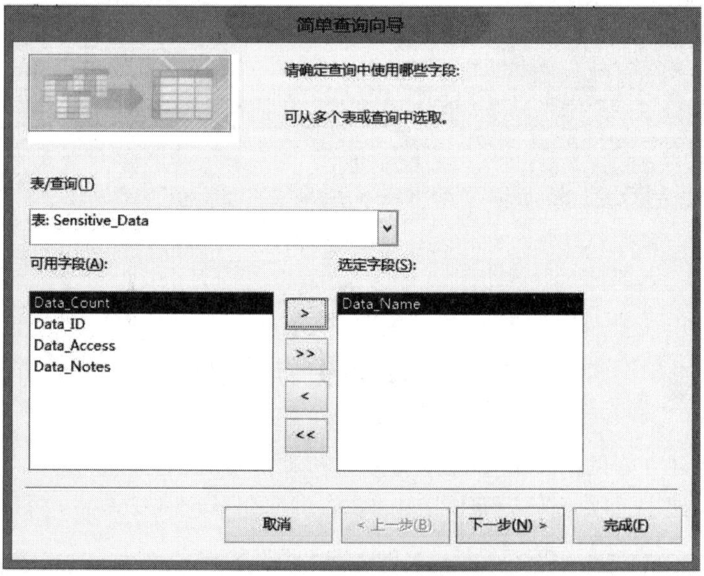

图 4– 28　选定查询字段

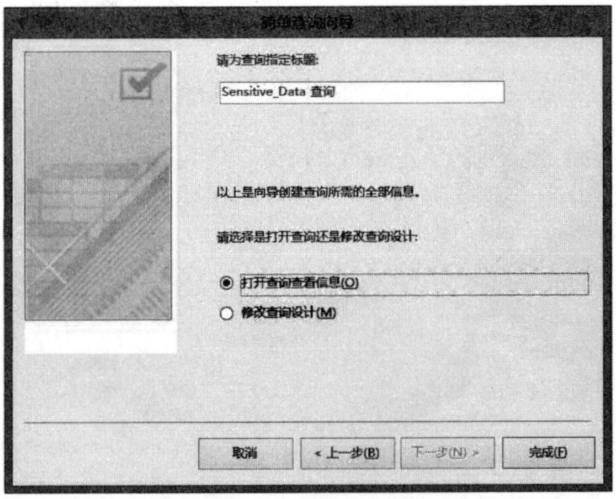

图 4–29　设置简单查询向导

图 4–30　查询结果

4. 5　数据导入

（1）新建一个 Access 数据库或者打开之前保存的 Access 数据库。

（2）单击“新数据源”选项卡，在弹出的下拉菜单中点击“从文件”，选择“Excel”（图 4–31）。

图 4–31　选择 Excel 导入

（3）选择需要导入的 Excel 数据（图 4–32）。

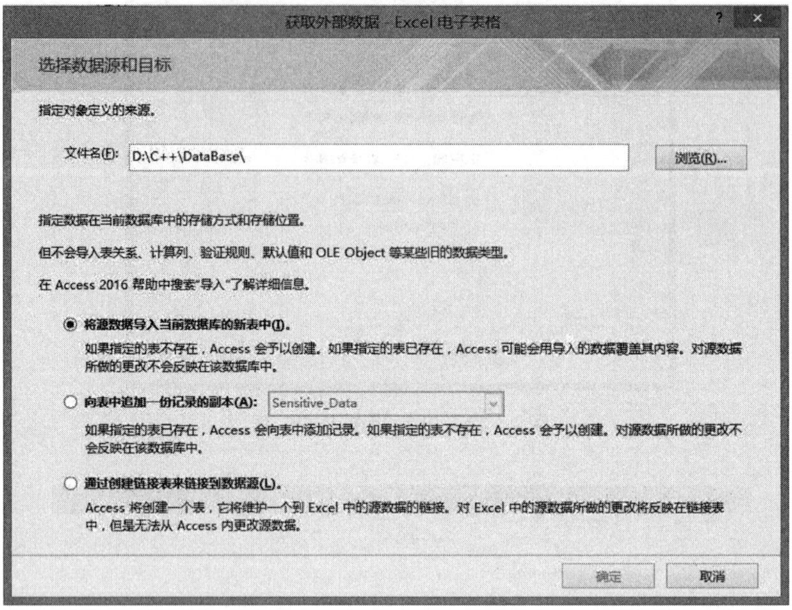
获取外部数据 - Excel 电子表格
选择数据源和目标
指定对象定义的来源。
文件名(F): D:\C++\DataBase\
浏览(R)...
指定数据在当前数据库中的存储方式和存储位置。
但不会导入表关系、计算列、验证规则、默认值和 OLE Object 等某些旧的数据类型。
在 Access 2016 帮助中搜索"导入"了解详细信息。
将源数据导入当前数据库的新表中(I)。
如果指定的表不存在，Access 会予以创建。如果指定的表已存在，Access 可能会用导入的数据覆盖其内容。对源数据所做的更改不会反映在该数据库中。
向表中追加一份记录的副本(A): Sensitive_Data
如果指定的表已存在，Access 会向表中添加记录。如果指定的表不存在，Access 会予以创建。对源数据所做的更改不会反映在该数据库中。
通过创建链接表来链接到数据源(L)。
Access 将创建一个表，它将维护一个到 Excel 中的源数据的链接。对 Excel 中的源数据所做的更改将反映在链接表中，但是无法从 Access 内更改源数据。
确定
取消

图 4–32　选择 Excel 文件

（4）打开“导入数据表向导”对话框（图 4–33）。

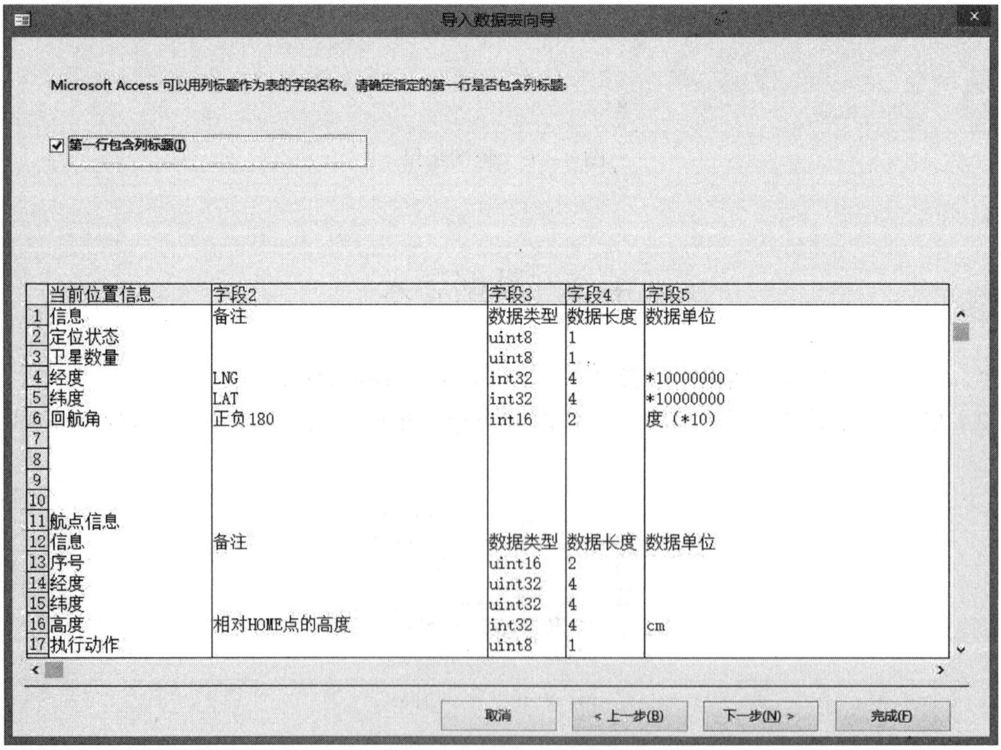
导入数据表向导
Microsoft Access 可以用列标题作为表的字段名称。请确定指定的第一行是否包含列标题:
第一行包含列标题(I)
当前位置信息
字段2
字段3
字段4
字段5
1 信息 备注 数据类型 数据长度 数据单位
2 定位状态 uint8 1
3 卫星数量 uint8 1
4 经度 LNG int32 4 *10000000
5 纬度 LAT int32 4 *10000000
6 回航角 正负180 int16 2 度（*10）
7
8
9
10
11 航点信息
12 信息 备注 数据类型 数据长度 数据单位
13 序号 uint16 2
14 经度 uint32 4
15 纬度 uint32 4
16 高度 相对HOME点的高度 int32 4 cm
17 执行动作 uint8 1
取消
< 上一步(B)
下一步(N) >
完成(F)

图 4–33　导入数据表向导

（5）点击“完成”，完成 Excel 表格的导入（图 4–34）。

ID	当前位置信	字段2	字段3	字段4	字段5	字段6	单击以添加
1	信息	备注	数据类型	数据长度	数据单位		
2	定位状态		uint8	1			
3	卫星数量		uint8	1			
4	经度	LNG	int32	4	*10000000		
5	纬度	LAT	int32	4	*10000000		
6	回航角	正员180	int16	2	度（*10）		
7							
8							
9							
10							
11	航点信息						
12	信息	备注	数据类型	数据长度	数据单位		
13	序号		uint16	2			
14	经度		uint32	4			
15	纬度		uint32	4			
16	高度	相对HOME点的	int32	4	cm		
17	执行动作		uint8	1			
18	执行动作参数		uint8	1			
19	执行动作参数		uint8	1			
20	执行动作参数		uint8	1			
21	执行动作参数		uint8	1			
22	至下一点的水		uint16	2	cm/s		
23	至下一点的垂		uint16	2	cm/s		
24	至下一点时的	与正北角度，	uint16	2	度（*10）		
25				25			
26							
27	航点动作						
28	动作	备注	参数1	参数2	参数3	参数4	
29							
30							

图 4–34　完成 Excel 表格的导入

4. 6　数据导出

Access 为我们提供了多种导出格式，如图 4–35 所示。下面以导出为 Excel 表格为例，介绍数据导出的具体操作步骤。

图 4–35　“导出”选项卡

（1）选中外部数据，单击【导出】选项组的“Excel”选项，如图 4–36 所示。

图 4–36　导出到 Excel 电子表格

（2）在弹出的“导出 Excel 电子表格”对话框中选择保存的路径，并可勾选“导出数据时包含格式和布局”复选框（图 4–37）。

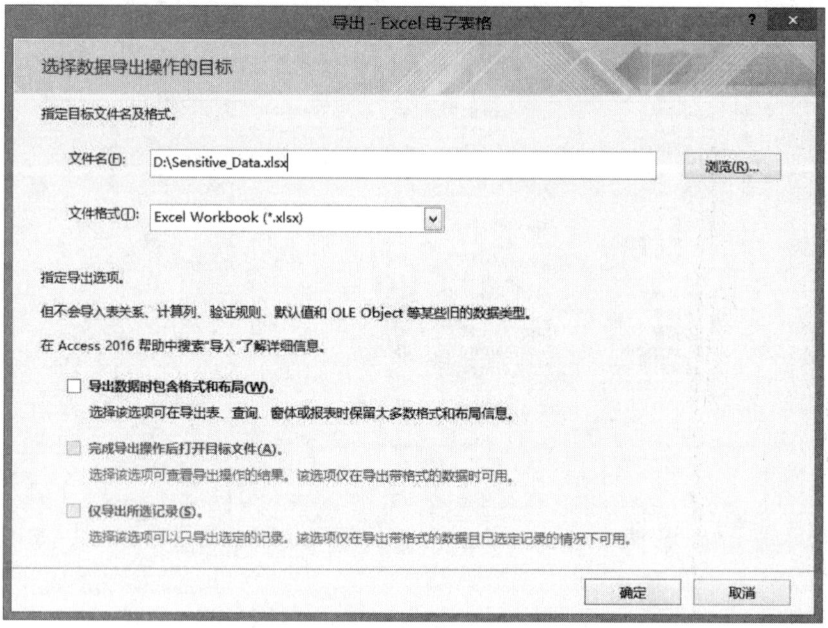
导出 - Excel 电子表格
选择数据导出操作的目标
指定目标文件名及格式。
文件名(F):
D:\Sensitive_Data.xlsx
浏览(R)...
文件格式(T):
Excel Workbook (*.xlsx)
指定导出选项。
但不会导入表关系、计算列、验证规则、默认值和 OLE Object 等某些旧的数据类型。
在 Access 2016 帮助中搜索"导入"了解详细信息。
导出数据时包含格式和布局(W)。
选择该选项可在导出表、查询、窗体或报表时保留大多数格式和布局信息。
完成导出操作后打开目标文件(A)。
选择该选项可查看导出操作的结果。该选项仅在导出带格式的数据时可用。
仅导出所选记录(S)。
选择该选项可以只导出选定的记录。该选项仅在导出带格式的数据且已选定记录的情况下可用。
确定
取消

图 4–37　选择导出目标

（3）点击“确定”，完成 Access 数据库的导出（图 4–38）。点击“关闭”退出。

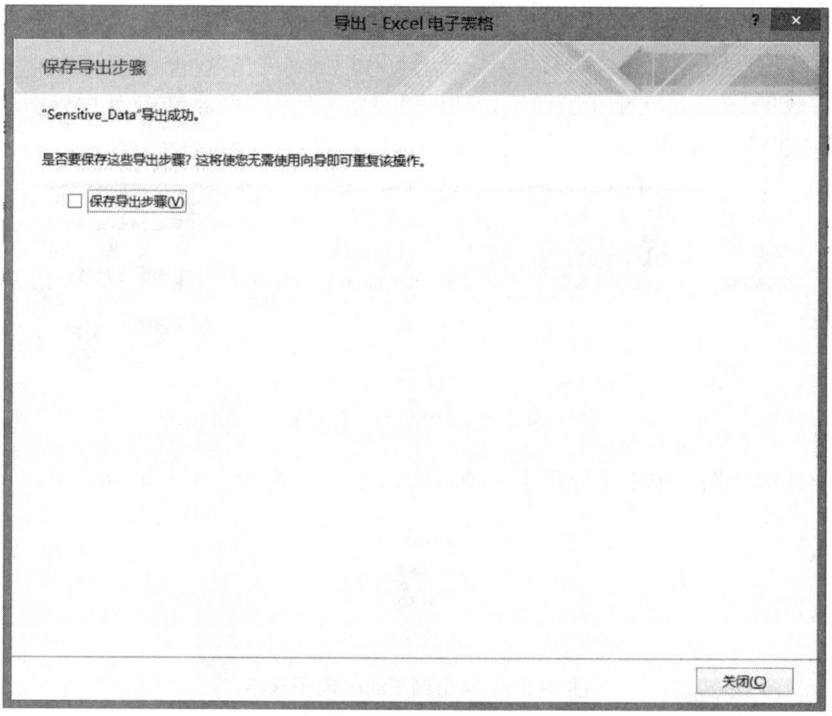
导出 - Excel 电子表格
保存导出步骤
"Sensitive_Data"导出成功。
是否要保存这些导出步骤? 这将使您无需使用向导即可重复该操作。
保存导出步骤(V)
关闭(C)

图 4–38　完成导出

4. 7　在 Access 数据库中建立简单关系

（1）打开数据库，其中包含了“成绩”和“基本信息”两个数据表（图 4–39）。

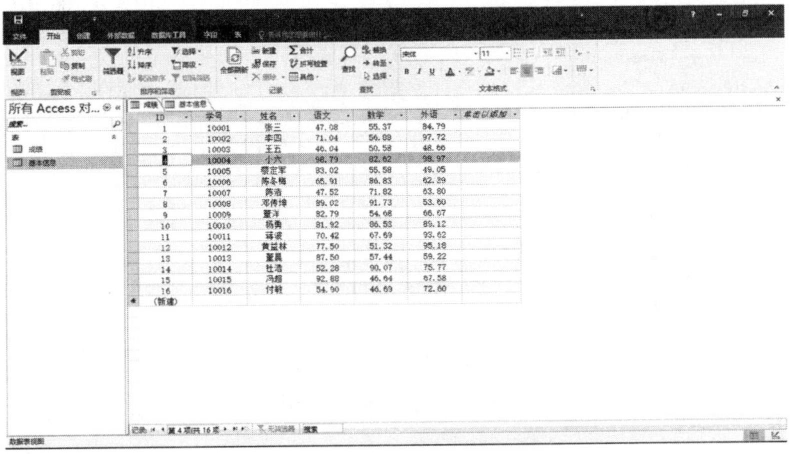

图 4–39　数据库及其数据表

（2）选择【数据库工具】选项卡【关系】选项组中的“关系”选项（图 4–40）。

图 4–40　选择“关系”选项卡

（3）在关系窗口的“添加表”中，依次选择要添加的表，点击“添加”按钮，将表添加到关系窗口中。点击“关闭”，回到关系窗口。

（4）点击其中一个表的主键字段（即没有重复值的字段），按住鼠标左键不放，拖动到另一个表的相同字段上松开，在弹出的窗口中点击“确定”（图 4–41）。

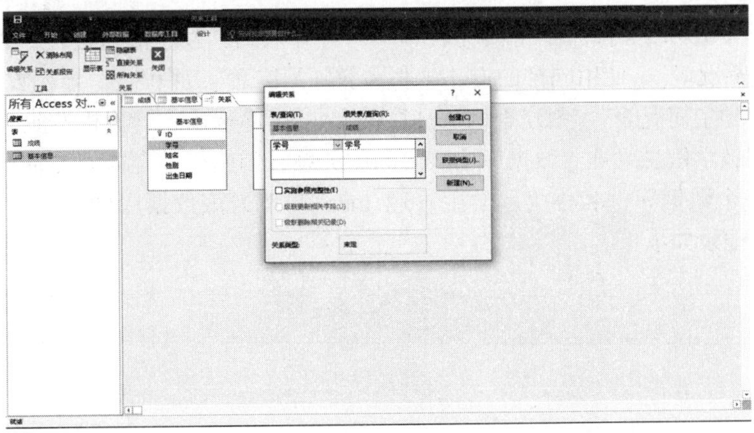

图 4–41　编辑关系

（5）完成数据表的关系建立（图 4-42）。

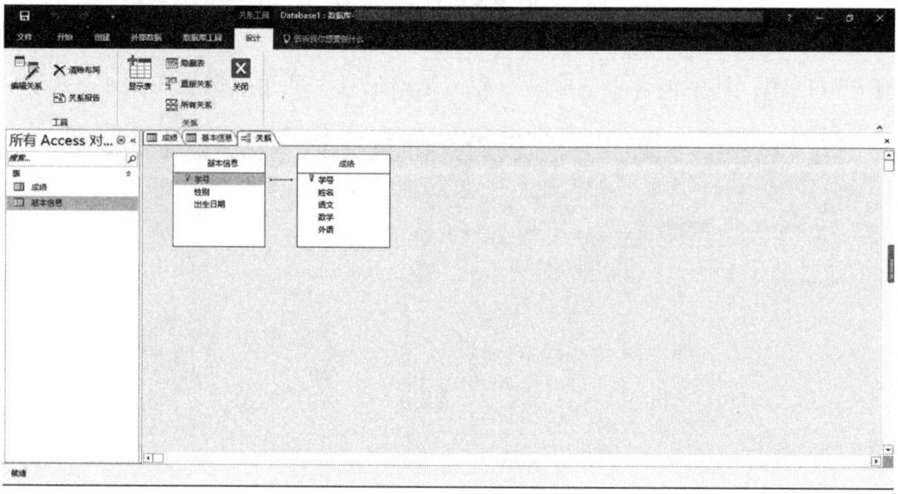

图 4-42　关系建立完成

4. 8　综合实验

4. 8. 1　实验目的

（1）理解数据库管理系统的结构组成。

（2）掌握数据库的创建方法以及数据输入方法。

（3）掌握数据库管理系统的简单应用。

4. 8. 2　实验内容

（1）创建一个学校教学管理的数据库，命名为“教学信息管理”，并将建好的数据库保存在 D 盘 Access 文件夹中。

（2）创建一个 Excel 文件“学生简况表 .xlsx”并导入到“教学信息管理”数据库中，数据表命名为“学生简况表”。使用同样的方法，将“教师简况表”“课程表”导入数据库中。

（3）根据“学生简况表”，创建查询“计算机专业”，筛选出“计算机专业”的学生。

（4）分析“教学信息管理”数据库中表之间的关系，创建科学合理的关系。

（5）新建一个数据库，名称为“学生管理 .mdb”，请为该数据库创建“学生”和“课程”两个表，结构和记录如下：

表 4–1　数据表结构

表名称	字段名称	数据类型	字段大小
学生	学号	文本	2
	姓名	文本	10
	性别	文本	2
	年龄	数字	整型
	系	文本	2
	联系电话	文本	20
课程	课程号	文本	2
	课程名称	文本	20
	学分	数字	整型
成绩	学号	文本	2
	课程号	文本	2
	成绩	数字	整型

表 4–2　学生表记录

学号	姓名	性别	年龄	系	联系电话
S1	徐小帆	男	19	2	2780451
S2	辛小明	女	20	6	2781324
S3	王三风	男	19	1	2780112
S4	邓一鹏	男	25	6	2781323
S5	张洋洋	男	23	2	2780241
S6	王小小	女	24	3	2782365
S7	钱克非	男	21	6	2781325

表 4–3　课程表记录

课程号	课程名	学分
C1	数学分析	4
C2	英语	5
C3	C 语言	3

表 4–4　成绩表记录

学号	课程号	成绩
S1	C1	47
S2	C1	68
S3	C1	70
S1	C2	89
S2	C2	88

① 在成绩表中，修改字段“成绩”，类型为单精度型，小数位数 2。

② 在学生表中，修改字段“联系电话”，字段大小为 15。

③ 在学生表中，添加数据“S8　田甜　女　20　3　2782156”；“S9　王力　男　19　4　2783456”。

④ 在课程表中，添加数据“C4　数据结构　3”；“C5　政治　2”；“C6　物理　4”；“C7　逻辑电路　3”。

⑤ 在成绩表中，添加数据“S3　C2　90”；“S1　C3　60”；“S2　C3　50”；“S3　C3　78”。

⑥ 在成绩表中，删除数据“S1　C1　47”。

⑦ 根据学生、课程和成绩表，查询所有女生的成绩，要求输出学号、姓名、性别、联系电话、课程名、成绩，查询保存为“女生成绩”。

⑧ 根据学生、课程和成绩表，查询所有及格学生成绩（≥ 60），要求输出姓名、课程名、成绩，查询保存为“及格情况”，按成绩升序排列；

4. 8. 3　实验环境

（1）硬件环境：PC 机；

（2）软件环境：Windows 操作系统，Access 2016。

4. 8. 4　实验报告要求

本实验报告应包括以下内容：

（1）实验名称；

（2）实验目的和要求；

（3）操作方法和实验步骤；

（4）实验结果与分析；

（5）体会、质疑、建议。

实验前要进行充分的预习准备，实验过程要独立完成，实验的过程和数据记录在实验报告中，分析实验结果，总结对本次实验的体会。

第 5 章　图像处理软件

5. 1　概述

Photoshop 是 Adobe 公司开发的图形图像处理软件，它支持多种图形和图像格式，能够进行多种颜色模式调整和多图层图像处理，为设计者设计和完善图形图像提供更多的便利，有利于提高图像设计的效率和质量。

5. 2　Photoshop 简介

5. 2. 1　Photoshop 工作区介绍

以 Photoshop CS6 为例，其工作界面如图 5–1 所示。

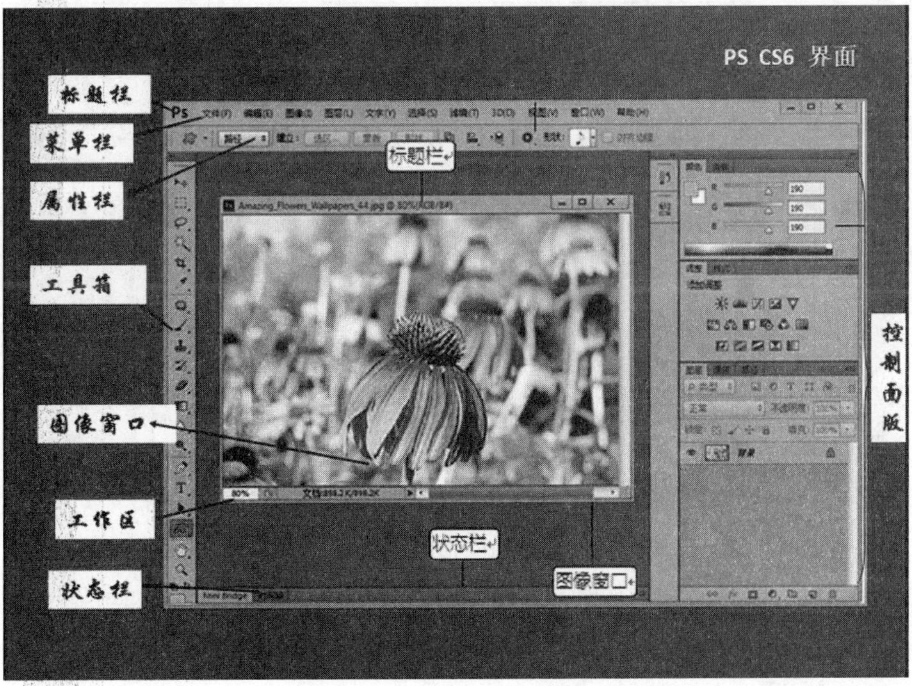

图 5–1　Photoshop 工作界面

（1）菜单栏：由 11 组主菜单组成，分别是文件、编辑、图像、图层、文字、选择、滤镜、3D、视图、窗口和帮助。选择相应的主菜单，即可看见属于该菜单的命令，如图 5-2（a）(b）所示。

（a）

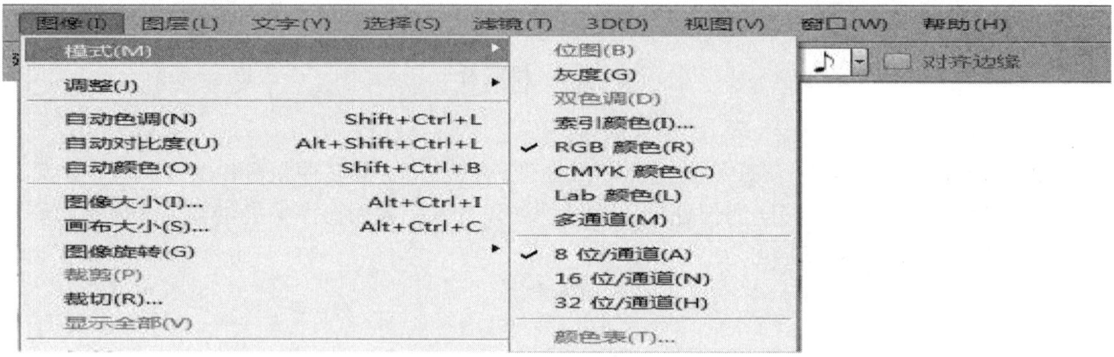

（b）

图 5-2　菜单栏

（2）标题栏：当打开一个图形图像文件时，Photoshop 会自动创建一个标题栏。标题栏中显示了这个文件的名称、格式、窗口缩放比例和颜色模式等信息，如图 5-3 所示。

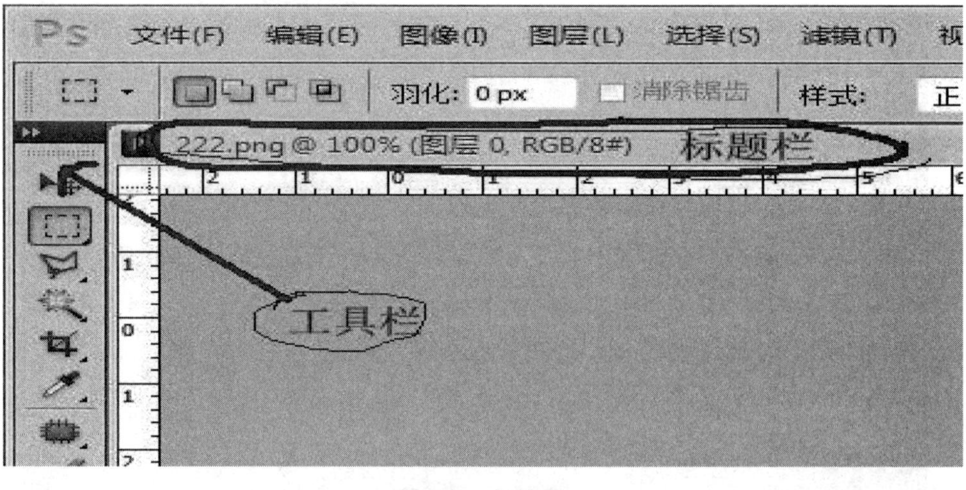

图 5-3　标题栏

（3）文档窗口：文档窗口是显示打开的图形图像的地方。如果只打开了一张图像，则只显示一个文档窗口；当打开多张图像时，文档窗口会以选项卡的方式显示。单击某一个文档窗口的标题栏选项卡即可将其设置为当前活动的工作窗口，如图 5-4 和图 5-5 所示。

图 5–4　一个文档窗口

图 5–5　多个文档窗口

（4）“工具箱”：工具箱中集成了 Photoshop CS6 的大部分图形图像处理工具。这些工具共分为 9 组，分别是选择工具、裁剪与切片工具、吸管与测量工具、修饰工具、路径与矢量工具、文字工具、“以快速蒙版模式编辑”工具，外加一组设置前景色和背景色的图标。可用鼠标选择工具，右下角带有三角形图标的表示是一个工具组，在工具组上单击鼠标左键即可弹出工具组中隐藏的工具，如图 5–6 所示。

（5）“属性栏”：属性栏主要用来设置工具的参数选项，不同工具的属性栏也不同，如图 5–7 所示是“移动工具”的属性栏。

图 5–7　“属性栏”

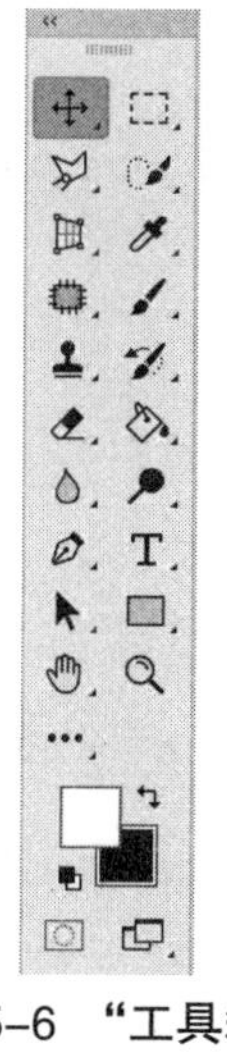

图 5–6　“工具箱”

（6）“状态栏”：状态栏位于工作界面的最底部，显示当前文档的大小、文档尺寸、当前工具和窗口缩放比例等信息。单击状态栏中的三角形图标，可以设置要显示的内容，如图 5-8 所示。

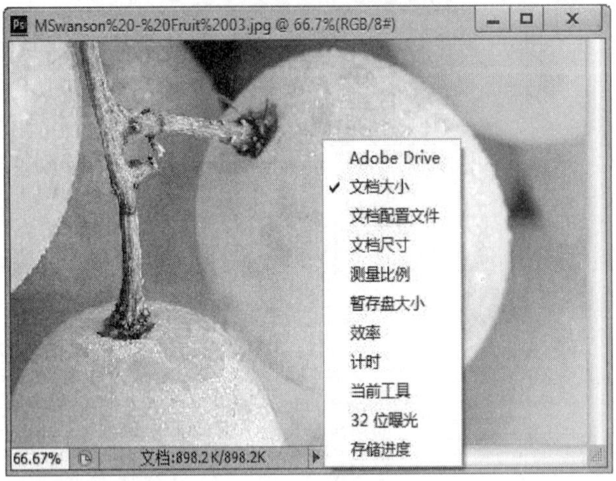

图 5-8 “状态栏”

（7）“控制面板”：Photoshop CS6 一共有 26 个面板，这些面板主要用来配合图像的编辑、控制和设置参数等。通过“窗口”菜单中的命令可以打开面板。例如，执行“窗口 → 色板”菜单命令可使“色板”命令处于选中状态，这时在工作界面中就显示出“色板”面板，如图 5-9 和图 5-10 所示。

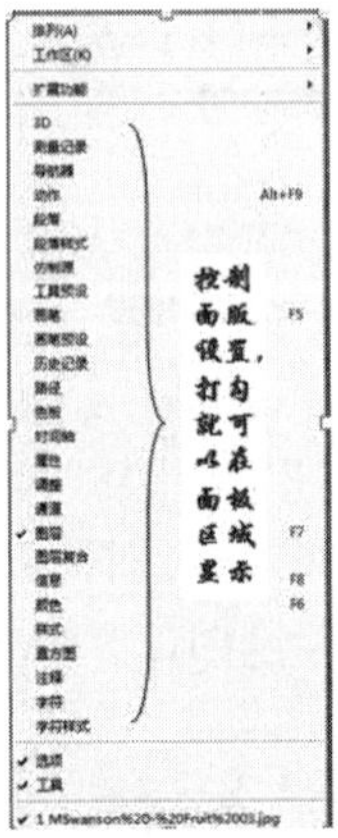

图 5-9 执行“窗口 → 色板”菜单命令

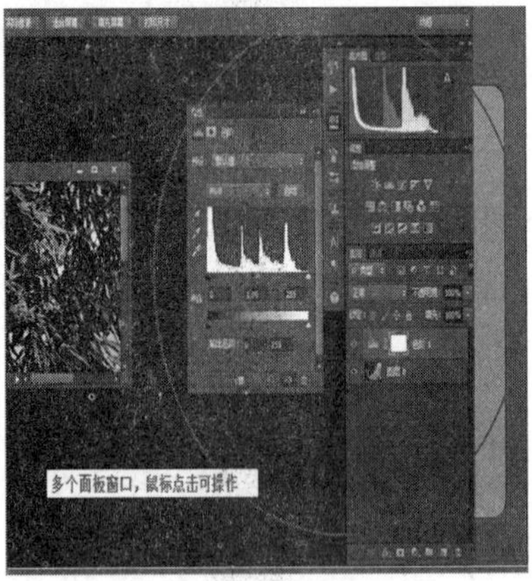

图 5-10 “控制面板”

5. 2. 2 移动工具的使用

移动工具的主要作用是进行图形图像、图层和选择区域的移动，使用它可以完成排列、组合、移动和复制等操作。具体操作方法如下：

① 单击工具箱中的“移动工具”按钮（快捷键“V”）。

② 如果需要移动同一个文件中的图片，首先要确保图层没有锁定。如果图层锁定，就不

能移动图像本身，但可以对图像的某个区域进行移动。

③ 打开两张图片，单击工具箱中的移动按钮，将光标放置在某个图像或选择区域内，按住左键拖曳到另一个图片文件窗口中即可完成不同文件间图片的移动。这个功能在溶图时经常用到。

④ 若要对图片中的某个区域进行移动，当光标移动到选区内时，移动工具图标下面会多一个剪刀，移动选区，原图像区域将以背景色填充。

⑤ 若要对图片中的某个区域进行复制，当光标移动到选区内时，按住“Alt”键不放，移动工具图表下面会多一个白色三角，移动选区，原图像区域不变，只是复制一个选区内容。

⑥ 按住“Shift”键的同时用光标在选区内拖曳，可以使选区沿 45° 方向移动。如果同时按住“Alt”键，可以在水平、垂直或 45° 方向复制图片。

⑦ 如果要精确移动选区图片，可使用键盘中的方向键，这时每次只移动 1 个像素，按住 Shift 键的同时使用方向键，每次可移动 10 个像素。

⑧ 按住“Ctrl+Shift”键的同时移动某一选区到其他图像内，实际是将该选区拷贝至其他图像的新层中，并且置于中心位置。

⑨ 在使用其他工具时，按住“Ctrl”键，光标将自动变为移动图标，达到临时使用移动工具的目的（钢笔、抓手、切片、矩形、路径选择工具及各工具中的隐藏工具除外）。

5. 2. 3　选择工具的使用

选择工具的作用是选取对象区域。使用选择工具创建选区是最常用的方法。它包括选框工具组、套索工具组、魔棒工具等。

选框工具组适用于规则的几何图形的选取和选区的建立。

①“矩形”选框工具：按住鼠标左键拖动选择矩形的区域。

②“椭圆”选框工具：按住鼠标左键拖动选择椭圆形的区域。

③“单行”选框工具和“单列”选框工具：从单击位置开始横向或竖向选择一个像素的图像。

如要按同样的比例选择，选择时按住“Shift”键（如正方形或圆形选区）；如要从中心向外扩大进行选择，选择时按住“Alt”键；如要从中心按同样的比例选择，选择时按住“Shift+Alt”键。

“羽化”选项可以消除选择区域的正常硬边界，对其柔化，使区域边界产生一个过渡段，其取值范围在 0 ~ 255 像素之间。

“样式”选项用来规定拉出的选框的形状，其选项列表中有 3 个选项：选择“正常”时，对选择范围没有限制，可任意选出一个区域；选择“固定长宽比”时，可根据事先确定的长宽比例选定一个区域，比如宽度为 5、高度为 4，所选出的区域一定满足 5:4 的长宽比例；选择“固定大小”时，对选框作了长度和宽度的限定，只需单击鼠标就能得到大小一定的选框。

在图像中已经存在选区的情况下：

① 单击新选区按钮：去掉旧的选区，选择新的选区；

② 单击添加到选区按钮：在旧的选区的基础上，增加新的选区，形成最终的选区；

③ 单击从选区中减去按钮：在旧的选区中，减去新的选区与旧的选区相交的部分，形成最终的选区；

④ 单击与选区交叉按钮：新的选区与旧的选区相交的部分为最终的选区。

5. 2. 4 套索工具的使用

前面介绍的选框工具创建的选区是规则的，对于不规则的图形来说，处理起来有一定难度，这时可以使用套索工具组里的三个工具：套索工具、多边形套索工具、磁性套索工具。套索工具是最基本的选区工具，在处理图像中起着很重要的作用，它的快捷键是字母 L，如图 5-11 所示。

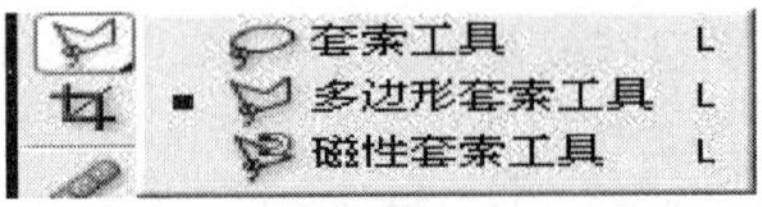

图 5-11 索套工具

套索工具组里的套索工具用于做任意不规则选区，多边形套索工具用于做有一定规则的选区，磁性套索工具用于制作边缘比较清晰且与背景颜色相差比较大的图片的选区。

套索工具的属性栏如图 5-12 所示。

图 5-12 套索工具属性栏的设置

① 加减选区："添加新选区" 命令较常用。

② "羽化"：取值范围 0 ~ 250，可羽化选区的边缘，数值越大，羽化的程度越大。

③ "消除锯齿"：让选区更平滑。

④ "宽度"：取值范围 1 ~ 256，一般使用默认值 10。

⑤ "边对比度"：取值范围 1 ~ 100，决定磁性套索工具对边缘图像的灵敏度。如果选取的图像与周围图像间的颜色对比度较强，那么就应设置一个较高的百分数值；反之，则应输入一个较低的百分数值。

⑥ "频率"：取值范围 0 ~ 100，决定选取时关键点创建的速率。数值越大，速率越快，关键点越多。当图像的边缘较复杂时，需要较多的关键点使边缘准确，可采用较大的频率值。一般使用默认值 57。可以通过退格键或 "Delete" 键来控制关键点。

5. 2. 5 裁剪工具的使用

使用如图 5-13 所示的裁剪工具（标示 1 处），可以看到属性栏（标示 2 处）在默认情况下是没有任何数值的。在图中框选出一块区域后，这块区域的周围会变暗，以突现裁剪的区域。裁剪框的周围有 8 个控制点，利用它们可以使框缩小和放大。把鼠标靠近裁剪框的角部，鼠标会变成一个带有拐角的双向箭头，此时可以使裁剪框旋转一个角度。

利用旋转裁剪框的方法，可以将倾斜的图片改正过来，如图 5-13 所示。

如果想制作标准的冲洗照片文件，可以利用属性栏中的宽度、高度和分辨率选项。比如想制作 5 寸照片，可以在宽度输入框中输入 "5 英寸"，在高度输入框中输入 "3.5 英寸"（以厘米为单位是 12.7 厘米 × 8.9 厘米）。分辨率的大小是指在同等面积中像素的多少，相同的面积，像素越多，图像也就越精细。一般来说，分辨率达到 300 像素 / 英寸，图像效果就不错了，如图 5-14 所示。

在裁剪照片的时候，要注意构图，照片照得再好，裁剪不当也会功亏一篑。在构图时要注意有主有辅，互相呼应。初学者在学习构图时，可以把主体放在黄金分割点上（1∶0.618）；尽量避免水平或者垂直线将照片完全截断（如地平线、电线等）；注意主体人物的视线前方要有一定的余地，不要让主体人物看着照片的边缘等。

图 5–13　旋转裁剪框

图 5–14　利用属性栏裁剪

在拍摄建筑时会发现，当建筑体积较大时，透视造成的歪斜现象会比较严重。对变形严重的图片，需要纠正。另外在有些情况下，也许会需要建筑物的正视图。比如 CS 游戏里边的三维建筑，其实是用软件将建筑的图片消除透视成为正视图后做成贴图，像糊灯笼那样贴在三维模型上制作出来的。这时如果两端都有歪斜的话，单纯地用旋转裁剪框的方法就无能为力了。如图 5–15 所示，这栋建筑较高，顶部离我们较远，底部较近，近大远小，所以在图片上是有透视变形的。如果想消除变形，可以在裁剪工具的属性栏里勾选“透视”复选框（标示 1 处），拉动四角的控制点到建筑的四个角，按回车键即可得到建筑的正视图。

图 5-15　建筑的正视图

裁剪工具不仅可以把照片裁小，还可以把照片裁大。比如将背景色设置为白色，使用裁剪工具框选全部图像，然后再利用控制点把裁剪框放大到图像以外，就可以裁出白色的边框。在属性栏的宽度、高度、分辨率中输入数值，可以直接裁出指定大小的图片。如果想把一大批照片全裁成和某张图片一样大小，可以先打开这张图片，单击属性栏上的“前面的图像”按钮，这张图片的图像大小信息会自动填在前面的文本框中，再裁剪别的图片时，就会大小相同。

清除按钮是消除文本框中的数值，使裁剪工具的属性恢复到默认状态。

裁剪工具使用非常方便，但在处理图像时，可能需要更加灵活的方法，利用菜单来剪裁就是一个好主意。如用选择工具选择了一块图像，位置已经对得很准了，不想再用裁剪工具重新对位，可以用菜单中的“图像”→“裁剪”选项（快捷键是“Ctrl+X”），直接把选区裁剪成图。

使用菜单和使用裁剪工具有什么区别？裁剪命令适合于在现有选区上裁出矩形图像。如果我们在合成图像时，想利用某图层的边缘作为裁剪依据，可以按住“Ctrl”键再单击该图层缩略图，将它变成选区再裁剪，这样非常精确。

我们来做一个试验：打开一张图片，用矩形选择工具任意选出一块区域，利用菜单中的“选择”→“变换选区”命令将选区旋转一个角度，再使用“图像”→“裁剪”命令裁剪，如图 5-16 所示。通过观察可以发现裁剪命令是按选择区的最高点、最低点、最左侧点和最右侧点确定四条边，裁出图像，因此它不能在裁剪时纠正倾斜。

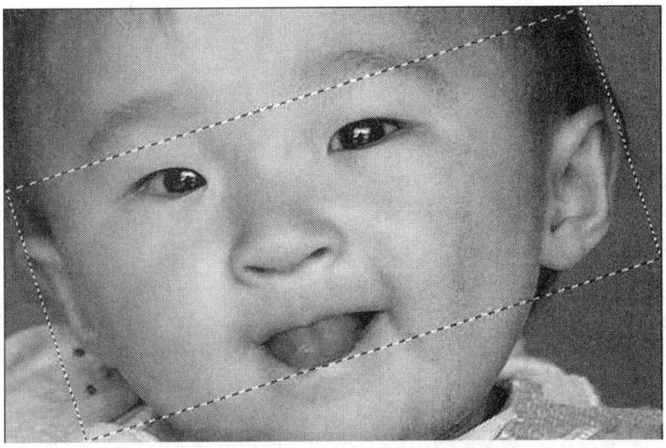

图 5–16　“裁剪”命令裁剪后试验

如果在合成的时候，个别图层的内容比较大，伸出画框外，若要对这个图层进行选择区域并删除外部图像的操作，画框外的图像并不会被删除，再次移动这个图层时，就会把画框外难看的边缘也移进来。如果图层很多，一个一个的清除非常麻烦，此时可以按住“Ctrl+A”键不放（全选图像），再单击裁剪命令。如果操作过程中有多个快捷键都是结合“Ctrl”键，用这样的方法是非常快速的。要想提高效率，不仅要会用快捷键，看似简单的连续按键法也会省去很多制作时间。

用裁剪工具框选全部图像，再按下回车键，和这个方法有相同的效果。

有时会把大量的照片放在一起扫描进来，这些照片的摆放不是很整齐，一张一张地裁剪十分浪费时间。在 Photoshop CS6 中，我们可以一步搞定这个难题。如图 5–17 所示，上部是扫描稿，扫描出来的底板颜色一般是黑色的，照片可以排得不整齐，但不能相互叠在一起。单击菜单“文件”→“自动”→“裁剪并修齐照片”，可以看到 Photoshop 自动将图片裁剪出来并制作成新文件供我们进一步修改（图 5–17 下部）。

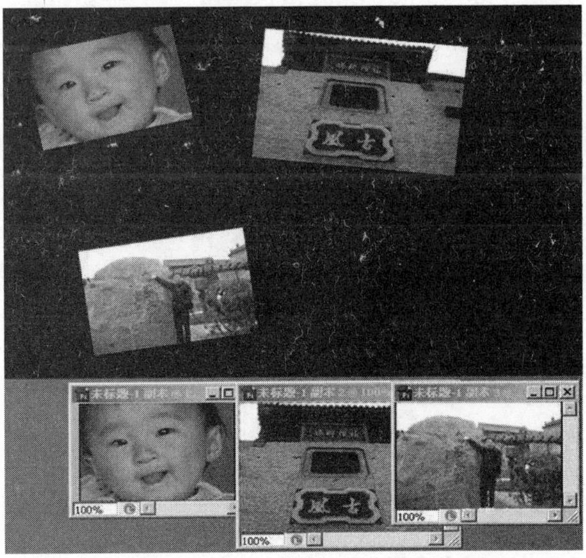

图 5–17　利用“文件”菜单裁剪扫描图片

5. 3 综合实验

5. 3. 1 实验目的

（1）在电脑上安装 Photoshop CS 6，了解其特点；

（2）熟悉 Photoshop CS 6 整个界面，掌握 Photoshop 的创建、保存、打开等操作；

（3）熟悉移动工具的使用及相应的快捷键使用；

（4）熟悉选择工具的使用及对规则和不规则图形的选择；

（5）熟悉套索工具的使用，选择勾勒的部分，细化之后反向选择，用橡皮擦擦去多余部分，保存；

（6）熟悉剪裁工具的使用，选择要裁剪的图片，点击裁剪工具，在图片上根据自己的需要裁剪；

（7）用 Photoshop CS 6 制作 LOGO 以及给证件照换背景。

5. 3. 2 实验内容和要求

（1）在电脑上安装 Photoshop CS 6

具体操作步骤如下：

① 下载 Photoshop CS 6 安装包，解压，找到“setup.exe”文件，以管理员身份运行。

② 勾选“我接受此协议”条款。

③ 选择所需的安装方式，可以选择立即安装，也可以选择自定义安装；

④ 在安装选项中，选择自己需要的功能安装，文件位置默认为 C 盘，可以改为 D 盘，避免系统盘占用太多，影响电脑速度。

⑤ 点击“立即安装”，等待一会儿，安装完成。

⑥ 点击桌面上的 Photoshop 图标就可以打开 Photoshop CS 6，如图 5–18 所示。

图 5–18 桌面快捷方式

（2）熟悉 Photoshop CS 6 主要界面

① 打开 Photoshop CS 6。

② 点击【文件】选项卡中的新建选项，在弹出的“新建”对话框中可以重新命名，设置宽度、高度、像素、颜色模式和背景内容，如图 5–19 所示。

③ 界面左侧是工具箱调板，可以用鼠标单击相应的工具进行图片处理操作，如图 5–20 所示。

④ 右侧是窗口调板，可以在下拉列表中选择，如图 5–21 所示。右下方为图层区，可以根

据需要调整叠加顺序及合并。

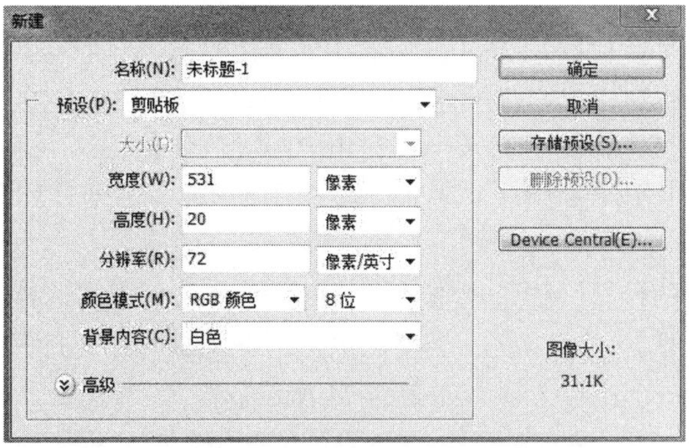

图 5–19　“新建”文件窗口

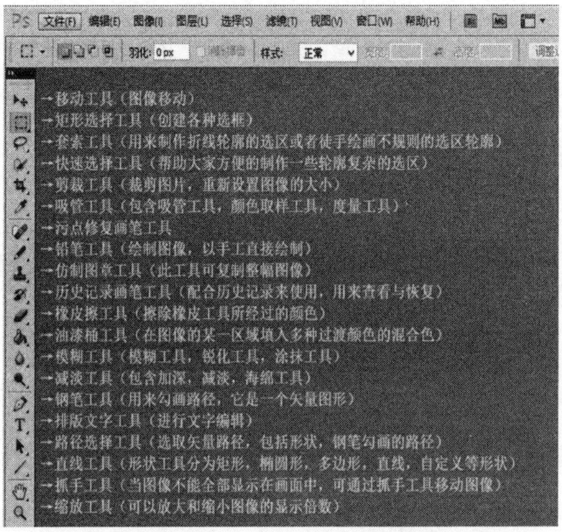

图 5–20　工具箱功能简介

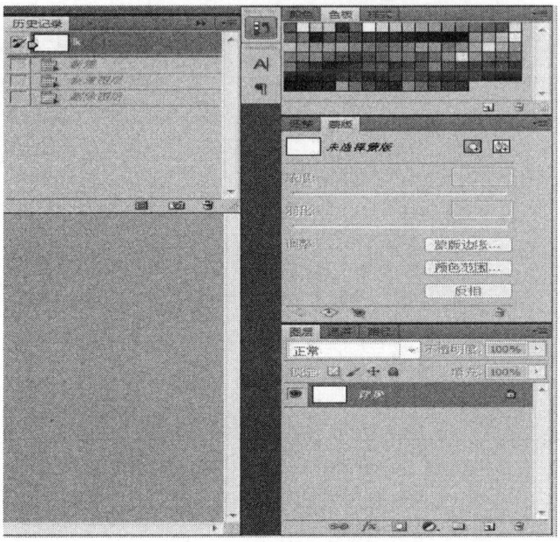

图 5–21　窗口调板

（3）移动工具、选择工具、套索工具、裁剪工具

① 移动工具

移动工具的快捷键是“V”。移动工具不能用的原因是选择了背景图层或被锁定的图层。使用移动工具时首先应定位到相应的图层上，如图 5-22 所示。

有时图层会很多，每次在图层面板中找到相应图层再使用移动工具会很麻烦，这时可勾选“自动选择”，则鼠标点击图像便会自动选择相应的图层，非常方便，如图 5-23 所示。

② 选择工具

常见的选择工具有两种，一种是规则选择工具，一种是不规则选择工具。

这里以常见的规则选择工具为例：当使用矩形选框工具时，先选择该工具，在图像中单击并拖拽鼠标就可以绘制一个矩形选区。如图 5-24 所示。

③ 套索工具

a. 先用鼠标框选需要的区域，如图 5-25 所示。

图 5-22　选择图层

图 5-23　“自动选择”图层

图 5-24　设置选择工具

图 5-25　框选区域

b. 点击调整边缘后会出现所抠图的雏形，然后选择合适的半径或选择智能半径对图片边缘进行细化处理，如图 5-26 所示。

c. 局部调整后按快捷键“Shift+Ctrl+I”反向选择，如图 5-27 所示，用橡皮擦擦掉多余部分，如图 5-28 所示。

图 5-26　点击调整边缘

图 5-27　反向选择

图 5–28　擦去多余部分

d. 退出，保存，该图片就可以作为素材了。

④ 裁剪工具

a. 选择要裁剪的图片，点击打开，点击裁剪工具，如图 5–29 所示。

图 5–29　选择图片

b. 按住鼠标左键不放选择要裁剪的范围，确定好范围后双击鼠标左键即可，如图 5–30 所示。

图 5–30　裁剪效果

（4）制作简单的 Logo

① 先大致构思要制作的 Logo 的形状、构图元素，可以去网上搜寻素材，比如要制作一个防护工程类的 Logo，可选取盾牌为背景，如图 5–31 所示。

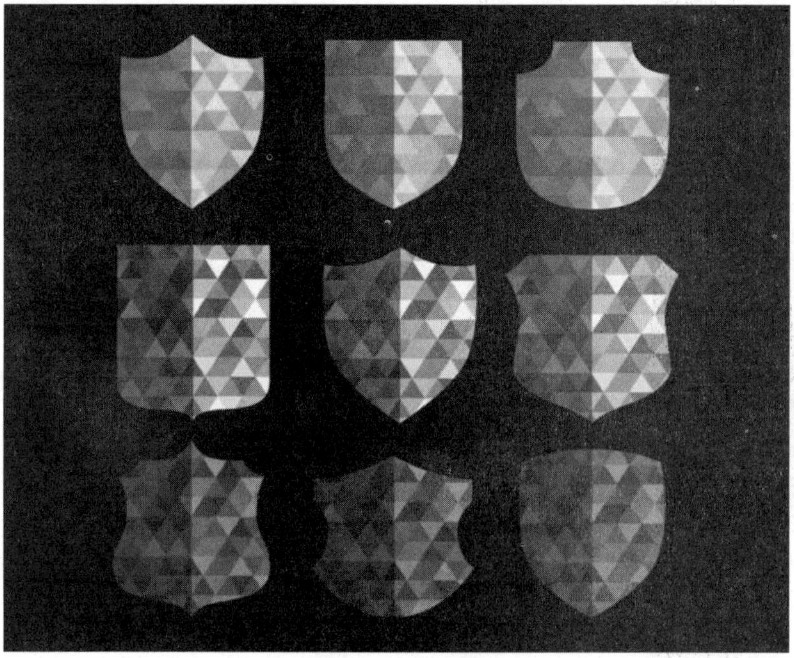

图 5–31　素材图

② 使用套索工具抠出自己最喜欢的部分，如图 5–32 所示。

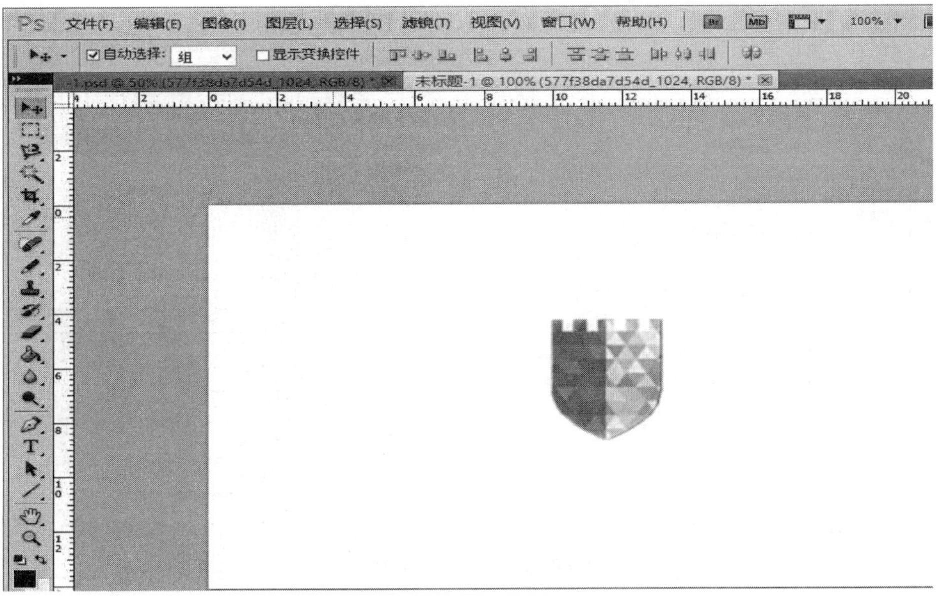

图 5–32　抠图

③ 选择“混合选项”→“颜色叠加”中的白色，如图 5–33 所示。选择“混合选项”→“描边”，调整属性栏中的像素值来控制描边粗细，选择颜色为蓝色，如图 5–34 所示。得到盾牌的大致模样，如图 5–35 所示。

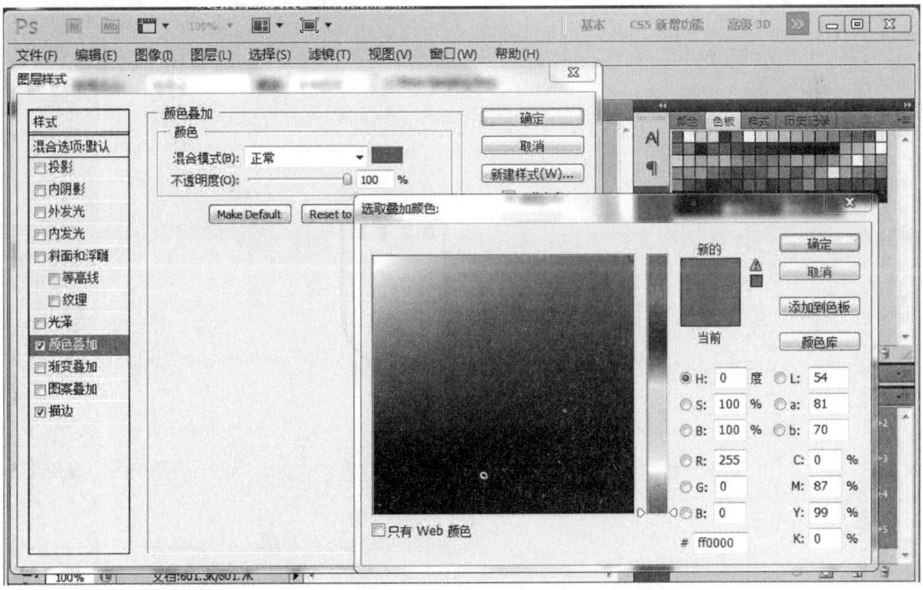

图 5–33　选择白色

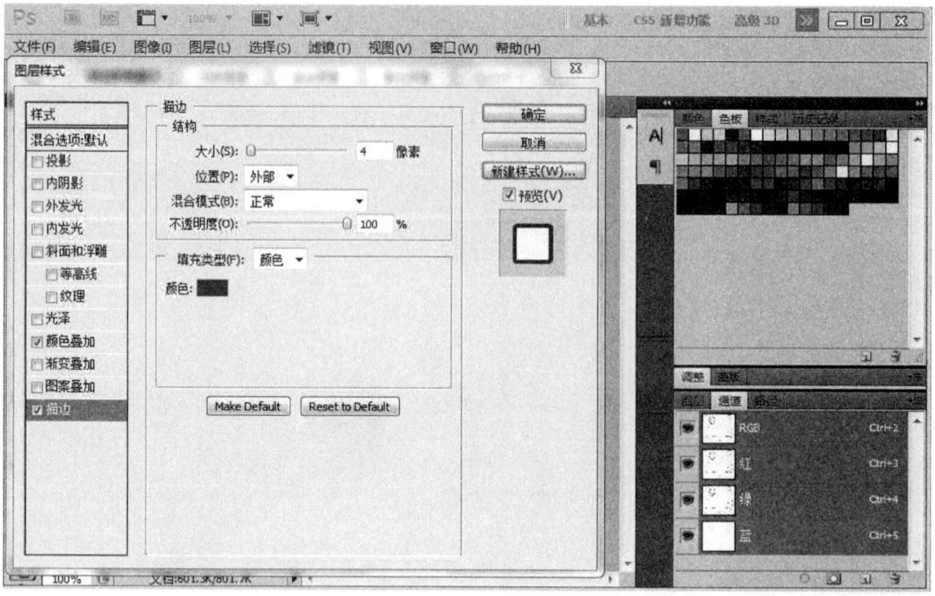

图 5–34 设置描边

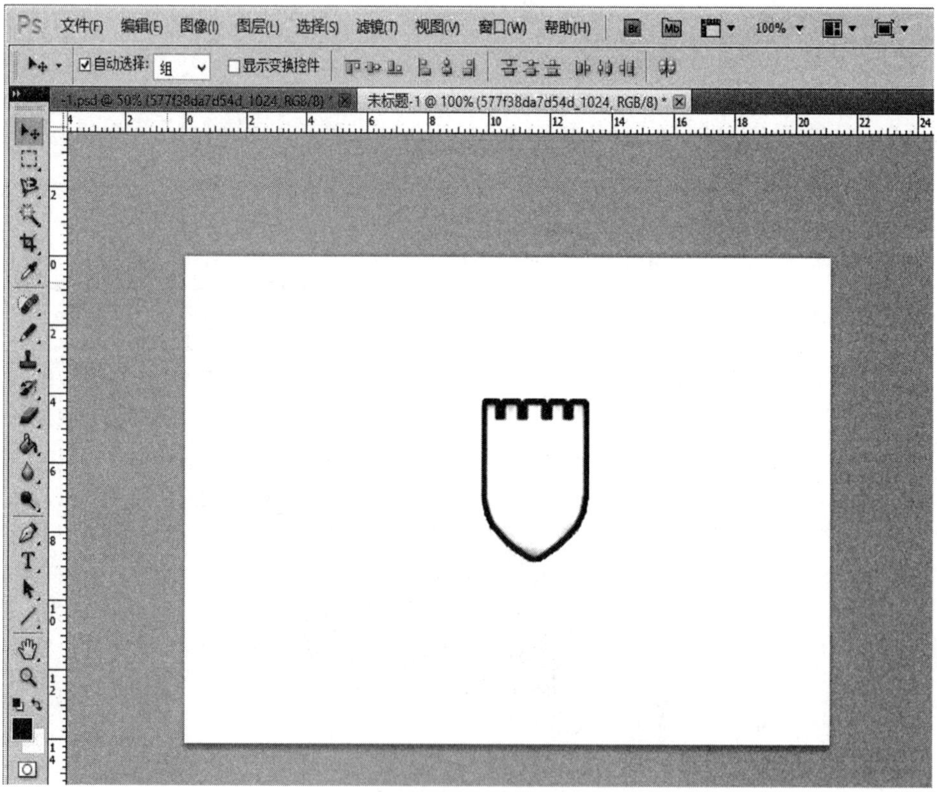

图 5–35 粗略图

④ 点击左侧文本框，添加文本“保卫工程”，调整其大小和颜色，如图 5-36 所示。

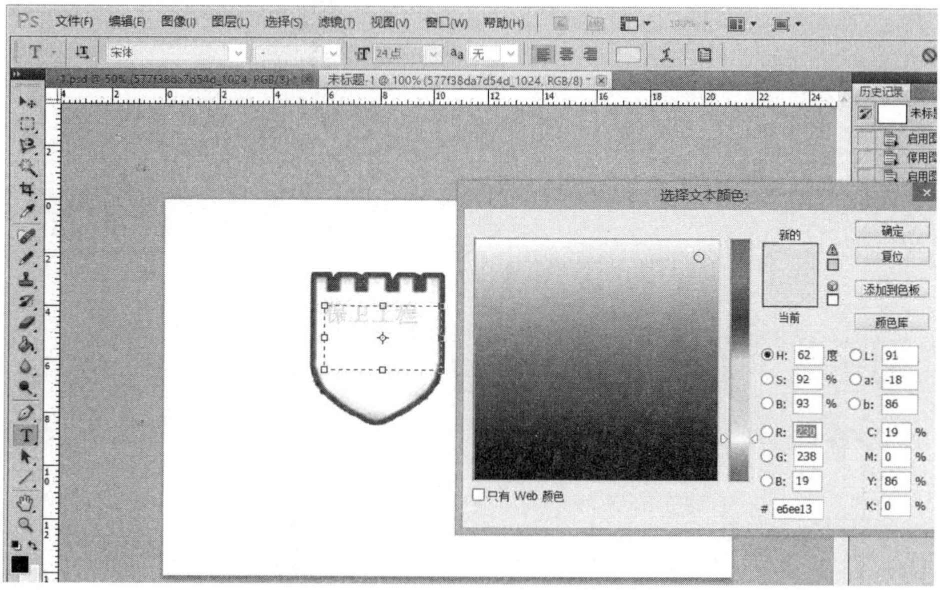

图 5-36　添加文本“保卫工程”

⑤ 选择“编辑”中的“操控变形”，将文本样式调整为自己所需要的，亦可以点击“编辑”→“变换”→“旋转”，使文本达到所需要的弧度，如图 5-37 所示。

图 5-37　调整文字弧度

⑥ 继续搜寻元素或自制元素，达到所需效果，如图 5–38 所示。

图 5–38　最终效果

（5）调整修改证件照背景

① 打开 Photoshop CS 6 软件，点击“文件 → 打开”，选择需要改变背景色的图片，如图 5–39 所示。

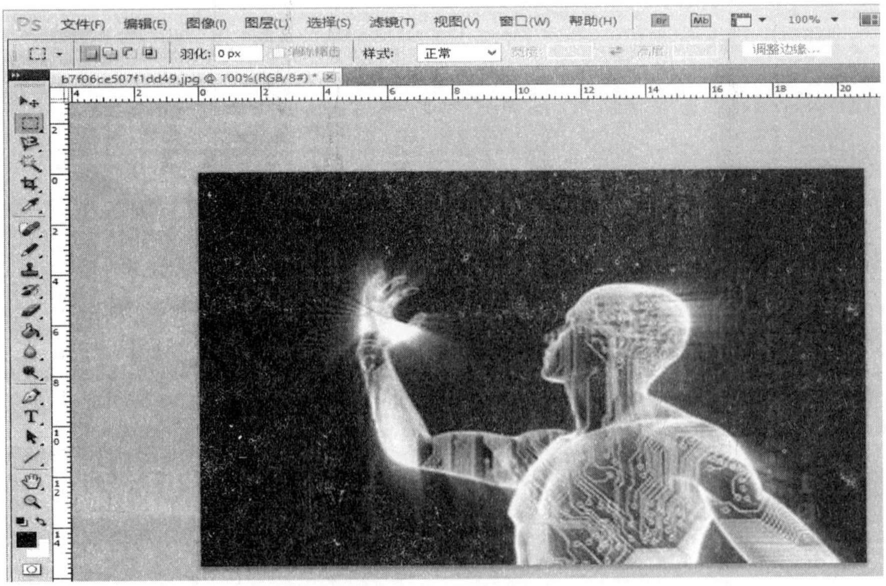

图 5–39　打开图片

② 选择魔棒工具，点击背景色，创建选区，注意设置适合的容差值，如图 5–40 所示。

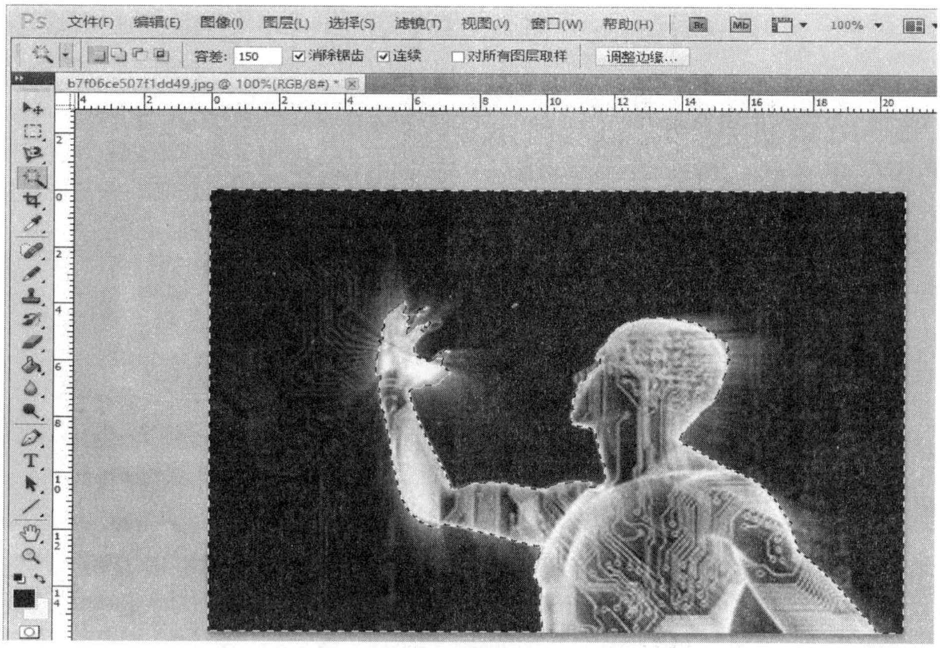

图 5–40　创建选区

③ 点击前景色，选择白色为背景，点击“确定”，如图 5–41 所示。

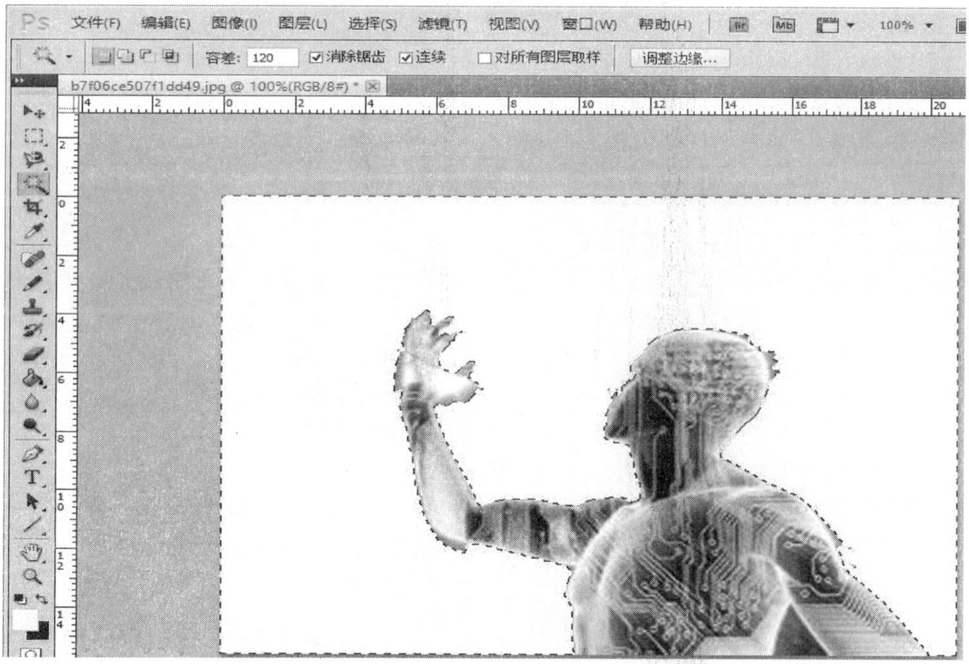

图 5–41　更改背景

④ 按住“Alt + Delete”键实现区域填充。可用同样的方法更改前景色。

5. 3. 3　实验环境

（1）软件环境：Windows10，Photoshop CS 6；
（2）硬件环境：PC 机。

5. 3. 4　实验报告

本实验报告应包括以下内容：
（1）实验名称；
（2）实验目的和要求；
（3）操作方法和实验步骤；
（4）实验结果与分析；
（5）体会、质疑、建议。
实验前要进行充分的预习准备，实验过程要独立完成，并总结实验体会。

第 6 章　视频处理软件

6. 1　概述

会声会影（Corel Video Studio）是 Corel 公司开发的一款操作简单、功能强大的 DV、HDV 视频编辑和制作软件。会声会影具有成批转换的功能和捕获格式完整的特点，使得剪辑影片更快、更有效率，可将画面特写镜头与对象创意覆叠，可随意做出新奇百变的效果。

6. 2　会声会影简介

6. 2. 1　会声会影工作区介绍

会声会影软件界面如图 6–1 所示。表 6–1 为界面中各部分功能简介。

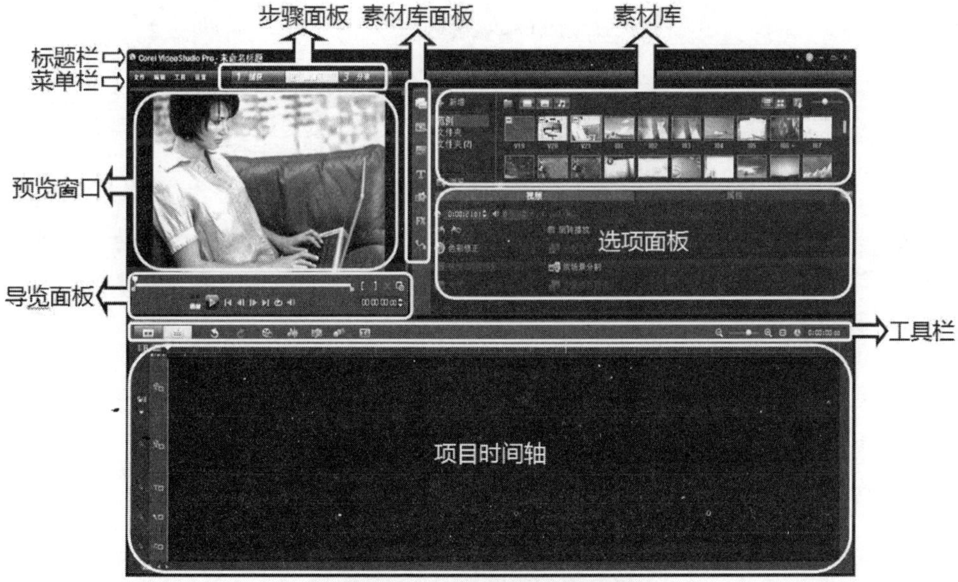

图 6–1　会声会影界面

表 6–1　会声会影 X6 界面组成及功能简介

编号	名　称	功能
1	标题栏	包括最小化、最大化、关闭按钮集；软件的名称和项目的标题；说明和产品信息、最小化、最大化以及关闭按钮
2	菜单栏	包括捕获、编辑、分享按钮，对应于视频编辑中的不同步骤
3	预览窗口	用于显示当前所选的项目或正在播放的素材画面、项目文件画面
4	导览面板	用于回放所编辑的视频项目内容及对素材进行精确修改，连接摄录机后可以控制摄录机的播放状态
5	步骤面板	包括文字、编辑、工具和设置菜单，负责提供不同的命令集
6	选项面板	提供多种不同的控制按钮和属性信息编辑所选素材，改变素材的属性
7	素材库面板	提供不同类型的素材按钮，用于切换到所需的素材库
8	素材库	储存和组织包括视频、照片、标题、音乐、转场、滤镜、色彩、路径等所有的媒体素材。还可以储存不同特色的项目模板供借鉴使用
9	工具栏	包括两种项目视图的切换按钮和其他快速设置按钮
10	项目时间轴	用于编辑项目文件中所有的视频、照片、标题、音乐、声音等素材，以及转场、滤镜、复叠、色彩、路径等效果在影片中的时间顺序，以营造出变化无穷的影视效果，是编辑视频项目的关键部位

（1）标题栏（图 6–2、表 6–2）

会声会影的标题栏如图 6–2 所示。表 6–2 为标题栏中各部分功能简介。

图 6–2　标题栏

表 6–2　标题栏中各部分功能简介

名　称	功　能
1. 最小化、最大化、关闭按钮集	包括最小化、最大化、关闭按钮和快捷命令
2. 软件的名称和项目的标题	显示该款软件的名称和当前的项目名称
3. 说明和产品信息按钮	点击这个按钮可以打开会声会影指南窗口，在窗口里可以查看新增功能、了解更多的内容、获取更多功能和试用体验，注册和购买软件
4. 最小化、最大化以及关闭按钮	可使当前界面最小化、最大化及关闭

（2）菜单栏

菜单栏中包含“文件”“编辑”“工具”“设置”等选项，如图 6–3 所示。其具体功能如表 6–3 所示。

图 6–3　菜单栏

表 6–3　菜单栏说明

名　称	功　能
文件	包括新建、打开和保存文件的操作
编辑	包括撤销、重复、复制和粘贴等编辑命令
工具	利用所提供的工具对素材进行各种不同的编辑操作
设置	对各种管理器进行设置操作

（3）预览窗口和导览面板

该面板主要用于预览、编辑和管理视频项目中所用的素材，也可以用于移动所选素材或项目、修整和编辑素材（图 6–4、表 6–4）。

图 6–4　预览窗口和导览面板界面

表 6–4　导览面板各按钮的功能说明

项目 / 素材模式	说　明
播放	播放、暂停和重新播放当前项目或所选素材
起始	让指针迅速返回到项目或素材的起始点，若按住“Shift”键再按此按钮，可以使指针移动到素材起始点或上一章节点处
上一帧	让指针移动到上一帧
下一帧	让指针移动到下一帧
结束	让指针迅速移动到项目或素材的结束点，若按住“Shift”键再按此按钮，可以使指针移动到素材结束点或下一章节点处
重复	循环播放某一区间的视频或素材
系统音量	拖动滑动条可以调节电脑扬声器的音量
时间码	设置某一时间码，使播放指针直接跳转到该时间段进行播放
扩大预览窗口	设置扩大预览窗口的大小，使预览内容显示更加清晰

续表

项目 / 素材模式	说　明
分割素材	分割所选素材，将刷洗器的指针对准要分割的素材位置，然后单击此按钮，素材即可分成两段
开始标记	在项目中设置预览范围的开始点，或设置视频素材修整的开始点。当用刷洗器设置好视频素材的开始点后，点击该段视频素材后再点击此按钮，该点左边的视频素材自动去掉（此按钮只在视频轨对视频素材修整有效）
结束标记	在项目中设置预览范围的结束点，或设置视频素材修整的结束点。当用刷洗器设置好视频素材的结束点后，点击该段视频素材后再点击此按钮，该点右边的视频素材自动去掉（此按钮只在视频轨对视频素材修整有效）
刷洗器	用于设置项目的时间点，可以按住鼠标左键左右自由拖动
修整标记	将鼠标箭头对准红色标记，按住鼠标左键左右自由拖动标记，以设置项目的预览范围或修整素材的位置。设置好视频素材修整的开始点后，放开鼠标，该点左边的视频素材自动去掉；设置好视频素材修整的结束点后，放开鼠标，该点右边的视频素材自动去掉（本标记分左右两个部分，左边为开始标记，右边为结束标记。只在视频轨对视频素材修整有效）

（4）步骤面板

会声会影将影片制作过程简化为三个步骤，在步骤面板里单击不同步骤的按钮可以切换到相应的步骤（图 6–5、表 6–5）。

图 6–5　步骤面板界面

表 6–5　步骤面板各步骤的功能说明

步骤	说明
捕获	直接通过“捕获”功能将素材录制或导入到硬盘中，捕获允许导入视频、照片和音频素材
编辑	“编辑”步骤和“时间轴”是会声会影的核心部分，影片的素材排列、编辑、修整和添加转场、加入滤镜效果、素材复叠等都是在这里进行的
分享	“分享”步骤就是硬盘的输出步骤。影片完成后，在这个步骤经过渲染，把项目文件里编辑好的所有素材转变为视频文件，输出到电脑、移动显示设备或 DVD 光盘等供欣赏

6. 2. 2　转场功能

（1）应用当前转场

① 进入会声会影编辑器，在故事板中插入两幅素材图像，单击“转场”按钮切换至“转场”选项卡，单击窗口上方的“画廊”按钮，在弹出的列表框中选择“过滤”选项。

② 在“过滤”素材库中，选择“喷出”转场效果，单击“对视频轨应用当前效果”按钮。

③ 视频素材之间添加了“喷出”转场效果。将时间线移至素材的开始位置，单击导览面板中的“播放”按钮，预览视频转场效果（图 6–6）。

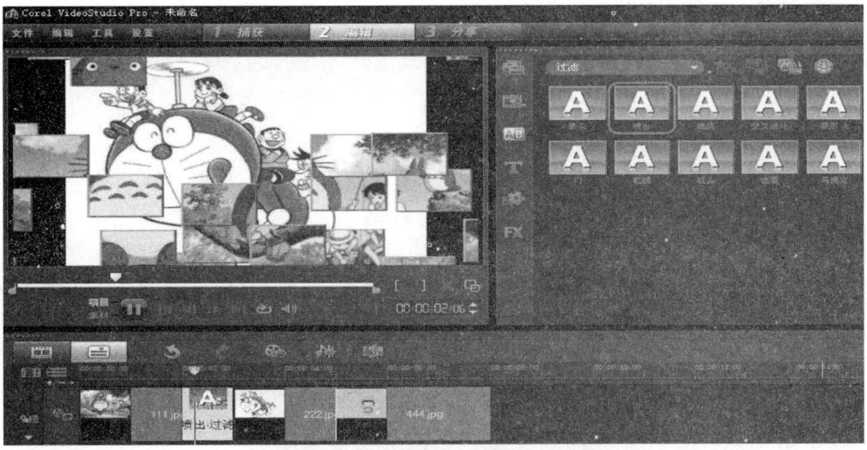

图 6–6　预览视频转场效果

（2）替换转场效果

当用户对转场效果不满意时可以通过“转场”选项卡实现转场效果的替换。

① 进入编辑器，打开一个项目文件，单击导览面板的播放按钮，预览转场效果。

② 切换至“转场”选项卡，在素材库中选择“拉链”选项卡，在“当前转场”上单击鼠标左键并将其拖拽至已添加的转场上方。释放鼠标左键，即可替换转场效果。

（3）删除转场效果

在会声会影故事板中，单击需要删除的转场效果，按下“Delete”键即可删除已添加的转场效果（图 6–7）。

图 6–7　删除转场效果

6. 2. 3　标题功能

（1）认识标题选项面板

标题选项面板有“编辑”和“动画”两个选项卡，如图 6–8 所示。

①【编辑】选项卡：主要实现设置文字属性的功能。

a. 字体：选择字体样式；

b. 字体大小：设置字体大小；

c. 色彩：指定文字的色彩。

②【动画】选项卡：主要实现设置动画属性的功能。

a. 应用动画：选中该复选框后，将所选类型应用到标题素材的动画上，并且可以设置标题的动画属性。

b. 类型：单击右侧的三角按钮，可以从下拉列表中选择需要的标题动画的类型。

c. 自定义动画属性：在自定义动画的弹出对话框中可以定义所选择的动画类型的属性。

d. 预设：在列表中可以选择预设的标题动画。

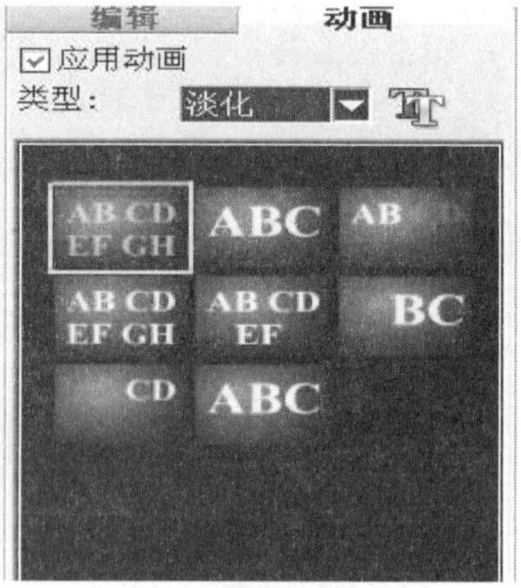

图 6-8　标题选项面板

（2）将预设标题添加到影片中

如图 6-9 所示为影片编辑界面，将预设标题添加到影片中的具体步骤为：

① 在视频轨上添加视频或图像素材。

② 单击【标题】按钮，进入“添加和编辑标题”步骤。在素材库中选中需要使用的标题模板，把它直接拖曳到“标题轨”上。

③ 在“标题轨”上选中已经添加的标题，在预览窗口中单击鼠标，使得当前标题处于编辑状态，根据需要修改的文字内容，在选项面板上设置标题的字体、样式和对齐方式等属性。

④ 在预览窗口之外的区域单击鼠标即可将调整完成的标题应用到影片中。

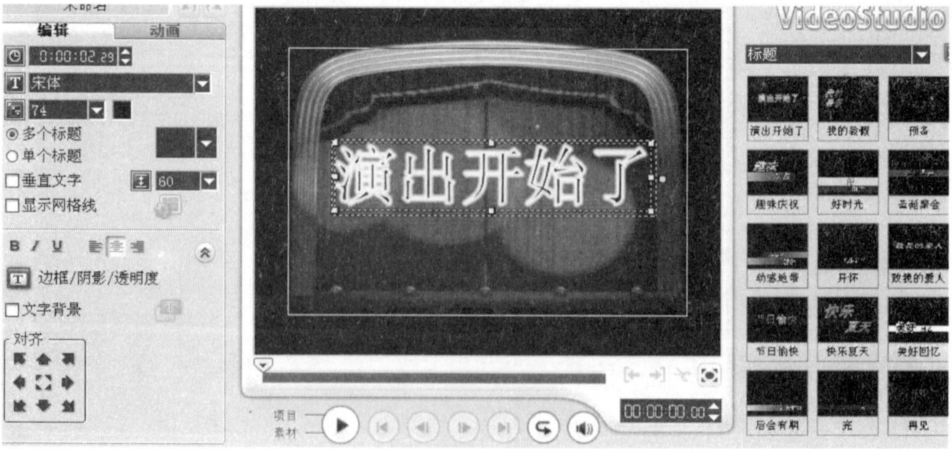

图 6-9　将预设标题添加到影片中

（3）在影片中添加单个标题

① 单击【标题】按钮，进入“添加和编辑标题”步骤，使用导览面板上的播放控制按钮找到需要添加标题的帧的位置。

② 选中选项面板上的【单个标题】单选框。在预览窗口中双击鼠标，进入标题编辑状态，输入要添加的文字。

③ 根据需要设置文字的字体、大小和对齐方式等属性。

预览窗口中有一个矩形框出的区域，它代表标题安全区。这是程序允许输入标题的范围，在这个范围内输入的文字才会在播放时正确显示。

如果需要在以后的影片中应用同样的标题效果，可以选中标题轨上的标题，按住鼠标左键拖曳到素材库中。这样，在下次使用时，只需要直接把它拖到标题轨上即可。

（4）影片中添加多个标题

【多个标题】功能允许用户将不同文字放到视频帧的任何位置，并且可以排列文字的叠放次序。

① 单击【标题】按钮，进入“添加和编辑标题”步骤，使用导览面板上的播放控制按钮找到需要添加标题的帧的位置。

② 选中选项面板上的【多个标题】单选框。在预览窗口中双击鼠标，进入标题编辑状态，输入要添加的文字。

③ 根据需要设置文字的字体、大小和对齐方式等属性。

④ 用同样的方式，既可以在新位置添加新标题内容，也可以在一帧画面上添加更多的标题内容。

⑤ 输入完成后，在标题框上单击鼠标，使它的四周出现控制点。拖动控制点可以调整标题的大小；将鼠标放置在控制点包围的区域中，按住鼠标左键并拖动可以调整标题的位置。

⑥ 在标题轨上单击鼠标，输入的文字将被添加到所设置的标题起始位置。

在将输入的多个文字添加到时间轴之前，如果选择【单个标题】单选框，则只有当前选中的文字或第一个输入的文字（在未选取文字框时）被保留。其他文字将被删除，并且【文字背景】复选框将被禁用。

标题输入完成后，如果需要编辑多个标题属性，可以在标题轨上选中该标题素材，然后在预览窗口中单击鼠标进入标题编辑模式，在要编辑的标题框中双击鼠标，使标题处于编辑状态，在选项面板上调整标题属性。编辑完成后，在标题轨上单击鼠标即可应用修改。

（5）调整标题长度和位置

如图 6-10 所示，将标题添加到标题轨中以后，标题的播放时间与视频轨上对应位置的素材长度是一一对应的关系，也就是说，标题将在视频轨上对应的素材播放的期间出现。如果需要调整标题的播放时间，可以使用以下两种方法：

① 在标题轨上选中需要调整的标题，在选项面板的“区间”中调整时间码。

② 选中添加到标题轨中的标题，将鼠标指针放在当前选中的标题的一端，当鼠标指针变为箭头标志时，按住并拖动，即可改变标题持续的时间。选项面板的“区间”数值将产生相应的变化。

如果需要移动标题的位置，可以按照以下的步骤操作：

① 单击鼠标选中希望移动的标题，将鼠标指针放置在标题上方，鼠标指针变为十字形光标。

② 按住鼠标并拖动将标题拖曳到需要放置的位置，释放鼠标。

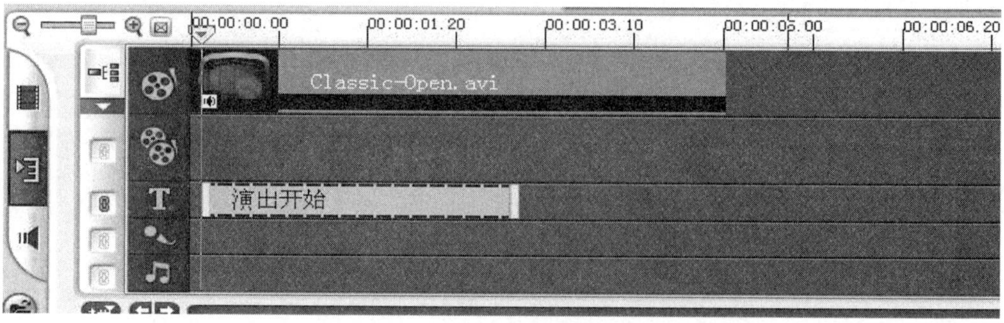

图 6–10 调整标题长度和位置

（6）为标题添加边框，改变透明度

使用选项面板上的“边框 / 阴影 / 透明度”按钮，可以快速为标题添加边框、改变透明度和柔和程度、添加阴影。如果需要为标题设置边框、透明度和柔和程度等属性，操作步骤如下：

① 在标题轨上选中需要调整的标题，然后在预览窗口中单击鼠标，使标题处于编辑状态。

② 单击选项面板上的“边框 / 阴影 / 透明度”按钮，在弹出的对话框中设置边框、阴影以及柔化属性。

a. 透明文字：选中该复选框，则文字透明显示。

b. 线条宽度：设置每个字符周围的边框宽度。

c. 线条色彩：单击“色彩”按钮；在弹出的下拉列表中为边框指定色彩。

d. 透明度：调整标题的可见程度，可以直接输入数值进行调整。

e. 柔化边缘：调整标题和视频素材的边缘混合程度。

③ 设置完成后，单击对话框中的“确定”按钮即可。

（7）为标题添加阴影效果

为字幕添加阴影可以更好地区分文字和视频，使文字显得更加清晰。为标题添加阴影的具体操作步骤如下：

① 在标题轨上选中需要调整的标题，然后在预览窗口中单击鼠标，使标题处于编辑状态。

② 单击选项面板下方的“边框 / 阴影 / 透明度”按钮，在对话框中选择“阴影”选项卡，有无阴影、下垂阴影、光晕阴影和突起阴影 4 种类型。

a. 无阴影：单击按钮可以取消应用到标题中的阴影效果。

b. 下垂阴影：根据定义的 X 和 Y 坐标将阴影应用到标题上。X 和 Y 用于调整阴影的位置，两个按钮则用于调整阴影的透明度和边缘柔化程度。通过调整参数，可以得到不同的下垂阴影效果。

c. 光晕阴影：按下该按钮时，可以在文字周围加入扩散的光晕区域。如果使用较亮的色彩，文字看起来好像会发光；如果设置较大的强度，文字看起来衬托了沿着文字边缘的背景。在选项面板上，可以通过选择略图的方式设置光晕的色彩、强度。设置不同的透明度和边缘柔化程度，可以得到不同的光晕阴影效果。

d. 突起阴影：按下该按钮，可以为文字加入深度，让它看起来具有立体外观。在选项面板上可以设置阴影的偏移量，*X*、*Y* 偏移量越大，深度越大。

③ 设置完成后，单击对话框中的“确定”按钮，即可将定义的阴影效果添加到标题中。

（8）制作动画和滚动标题字幕

在影片中创建标题后，还可以为标题添加动画效果。预设的动画标题是会声会影内置的一些动画模板，使用它们可以快速创建动画标题，具体的使用方法如下（图 6–11）：

① 在时间轴上选择一个标题或创建新的标题。

② 选择选项面板上的“动画”选项卡，选中“应用动画”复选框。单击“类型”右侧的三角按钮，从下拉列表中选择一种动画类型。

③ 在预设列表中选择要使用的预设模板类型。设置完成后，单击【播放项目】按钮即可看到运动的标题效果。

对于多个标题，可以为每个标题指定不同的动画类型。

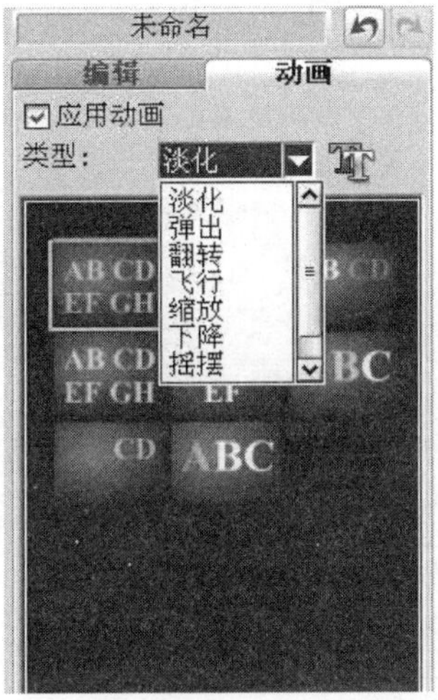

图 6–11　制作动画和滚动标题字幕

（9）制作向上滚动的字幕

在专业影片的结尾通常有向上滚动的演职员表。使用会声会影可以添加向上滚动的字幕，轻松制作出专业影片的效果。

① 在时间轴模式下，拖动时间标尺上的当前位置标记，把它放置到需要添加标题的位置。在预览窗口中，可以查看当前位置的视频效果。

② 单击步骤面板上的“标题”按钮，进入“标题”步骤。

③ 选中选项面板上的“单个标题”单选框，在预览窗口中双击鼠标，进入标题编辑状态。

④ 在标题区中输入要添加的标题内容。在输入文字的过程中，按“Backspace”键可以删除错误的文字，按“Enter”键则可以换行输入。

⑤ 选择选项面板上的“动画”选项卡，选中“应用动画”复选框，将类型设置为“飞行”。

⑥ 单击“自定义动画属性”按钮，在弹出的对话框中设置文字运动的方式。

⑦ 设置完成后，单击“确定”按钮。单击“播放项目”按钮，就可以查看字幕从下向上滚动播放的效果。

（10）制作淡入淡出的字幕效果

在为影片添加说明性文字时，可以根据自己的需要为文字设置淡入浅出效果，具体的操作步骤如下（图 6–12）：

① 在时间轴模式下，拖动时间标尺上的当前位置标记，把它放置到需要添加标题的位置。在预览窗口中，可以查看当前位置的视频效果。

② 单击步骤面板上的“标题”按钮，进入“添加和编辑标题”步骤。

③ 选中选项面板上的“单个标题”单选框，在预览窗口中双击鼠标，进入标题编辑状态。

④ 在标题区中输入要添加的标题内容。在输入文字的过程中，按“Backspace”键可以删除错误的文字，按“Enter”键则可以换行输入。

⑤ 选择选项面板上的“动画”选项卡，选中“应用动画”复选框，将类型设置为“淡化”。

⑥ 单击“自定义动画属性”按钮，在弹出的对话框中设置文字运动的方式。

⑦ 设置完成后，单击“确定”按钮。单击“播放项目”按钮，就可以查看字幕淡入淡出的播放效果。

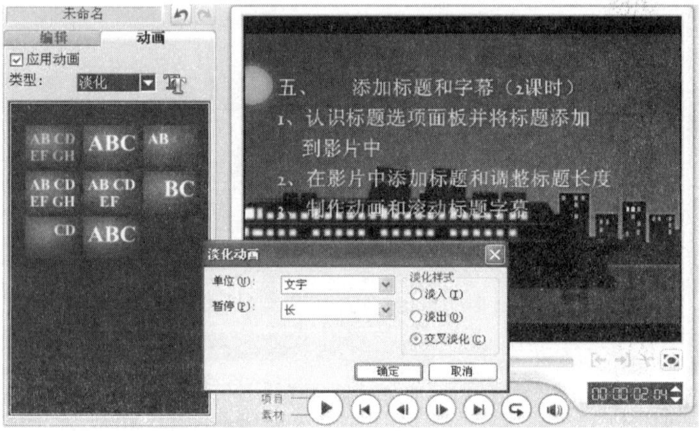

图 6–12　制作淡入淡出的字幕效果

6. 2. 4　滤镜功能

（1）进入会声会影编辑器，在视频轨中插入一幅素材图像，如图 6–13 所示。

（2）在“标题效果”素材库中选择“气泡”滤镜效果，将其拖拽至故事板中素材图像的上方，如图 6–14 所示。

（3）在“属性”选项面板中单击“自定义滤镜”左侧的下三角按钮，在弹出的列表框中选择合适的滤镜样式，如图 6–15 所示。

（4）单击“自定义滤镜”按钮，弹出“气泡”对话框，在“原图”列表框中将十字指针移动到合适的位置，依次设置其他参数，如图 6–16 所示。

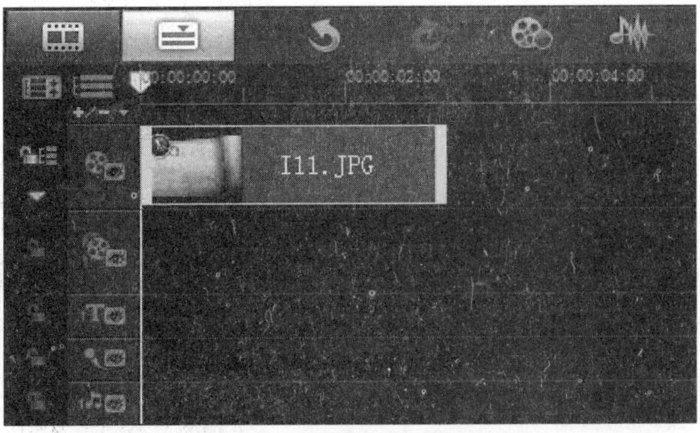

图 6–13　插入素材图像

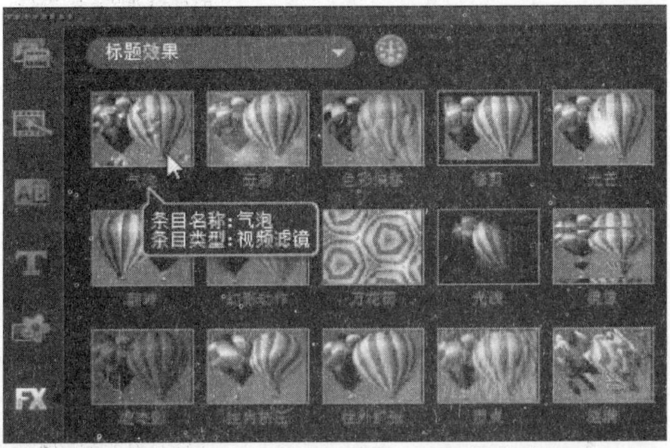

图 6–14　添加“气泡”滤镜

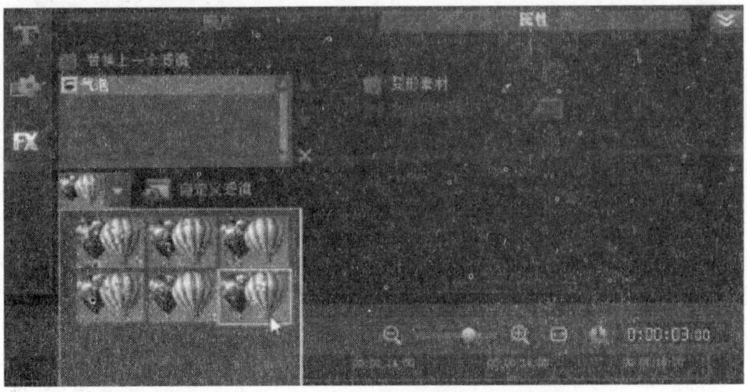

图 6–15　选择合适的滤镜样式

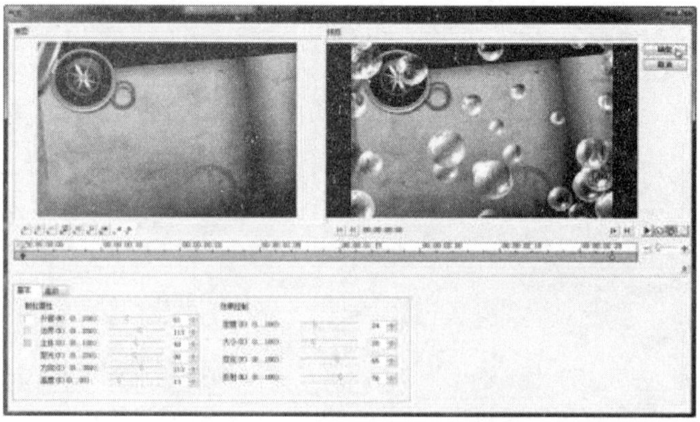

图 6–16 “气泡”滤镜参数设置

（5）单击“确定”按钮，返回会声会影编辑器，完成为视频素材添加“气泡”滤镜效果。单击导览面板中的“播放”按钮，即可预览添加的“气泡”视频滤镜效果，如图 6–17 所示。

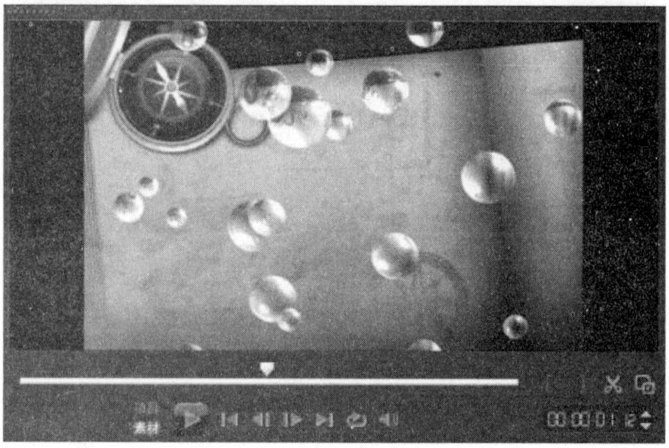

图 6–17 预览最终效果

6. 2. 5 剪切功能

（1）标记剪辑视频

① 在视频轨上插入视频素材，将鼠标移至视频素材的起始位置，当鼠标呈双向箭头形状时，单击鼠标左键并向右拖动至合适位置释放鼠标左键，即可标记素材的起始点，如图 6–18 所示。

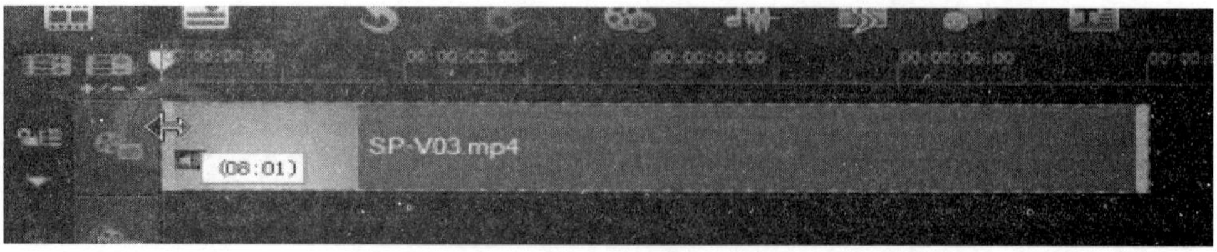

图 6–18 标记素材的起始点

② 将鼠标移至视频素材的末端位置，单击鼠标左键并向左拖动到合适位置，释放鼠标左键，即可标记素材的结束点，如图 6–19 所示。

这样就将需要的视频片段剪辑出来了。

图 6–19　标记素材的结束点

（2）通过修剪栏剪辑视频

① 将鼠标移动到修剪栏的起始修整柄上，单击鼠标左键并向右拖动至合适的位置，释放鼠标左键，即可标记开始点，如图 6–20 所示。

图 6–20　使用修剪栏剪辑视频

② 将鼠标移动至修剪栏的结束修整柄上，单击鼠标左键并向左拖动至合适的位置，释放鼠标左键，即可标记结束点。

（3）根据滑轨位置修剪素材

① 将鼠标调整至所需素材开始的地方，点击预览框中的“剪刀”按钮，视频被剪切成两半，如图 6–21 所示。

图 6–21　根据滑轨位置修剪素材

② 将鼠标调整至所需素材结束的地方，再次点击“剪刀”，中间的视频就被剪辑出来，不需要的视频可删除。

（4）单素材修整剪辑

① 将视频素材导入到素材库中，双击素材，在弹出的窗口中拖动滑轨至需剪辑的地方，点击右边的左中括号，将视频剪辑到当前位置，如图 6–22 所示。

② 将滑轨调整至需结束的地方，点击右中括号，点击“确定”，视频就被剪辑出来了。

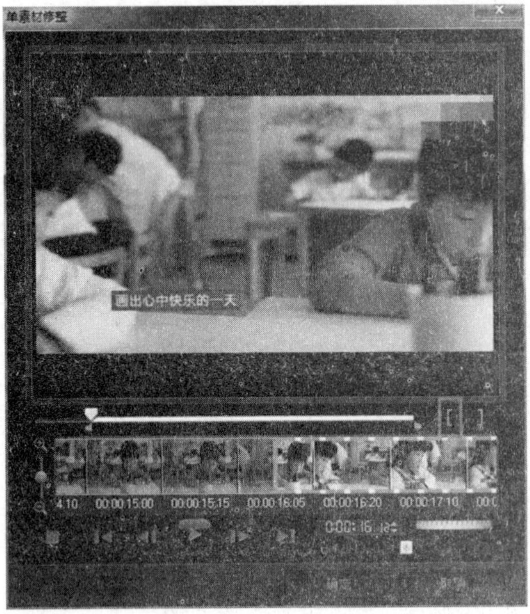

图 6–22　单素材修整

（5）按场景分割剪辑素材

① 右击视频素材，选择按场景分割按钮。在弹出的窗口中，点击“扫描”，点击“确定”，如图 6–23 所示。

② 视频被剪辑成一个个的镜头，将需要的镜头留下，不需要的镜头删除。

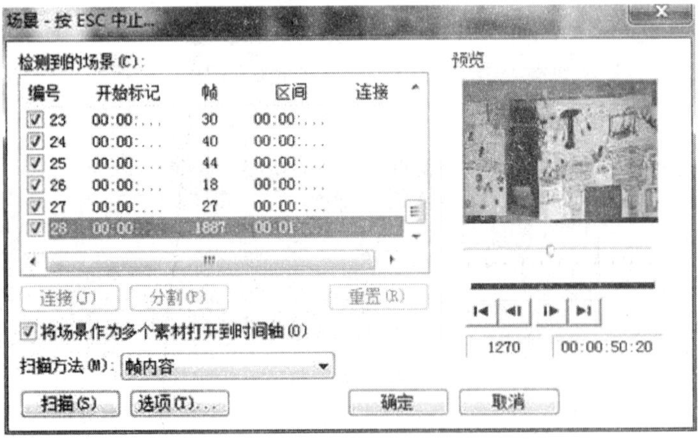

图 6–23　按场景分割剪辑素材

6. 2. 6　轨道管理器的使用

会声会影的轨道有视频轨、音频轨、标题轨、覆叠轨几种，从名称就能看出这些轨道的用处。有时原始视频有图像、有声音，但是声音可能不太理想，后期要重新配音，这样就需要把图像和声音分开处理，将各部分放在不同的轨道上就很方便。一般来说，新建项目只有视频轨道，其余轨道可根据需要添加。

（1）视频轨道

这个轨道就是放置视频的，导入的视频文件都要放在这个轨道上。一个项目可以有多个视频轨道，上下顺序可根据视频的需要进行调整。视频轨道上的视频也可以剪成一段一段的调整顺序，如图 6–24 所示。

图 6–24　视频轨道

（2）音频轨道

视频可以有声音，声音可以是后期配的，也可以是原始的。音频的顺序无所谓，但同一音频轨道上的音频要注意先后顺序，如图 6–25 所示。

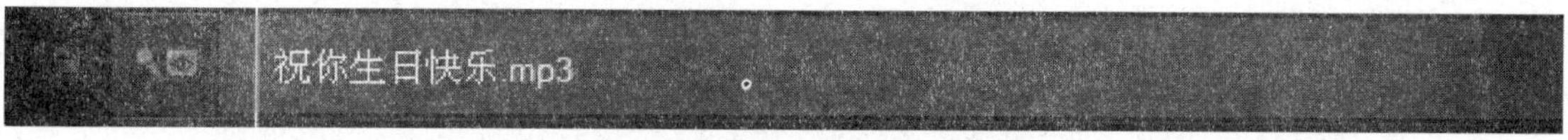

图 6–25　音频轨道

（3）覆叠轨道

在视频中常有画中画的情况，这是用到覆叠轨。将视频导入到覆叠轨上，再适当调整视频的大小，然后添加一些特效就形成了画中画，如图 6–26 所示。

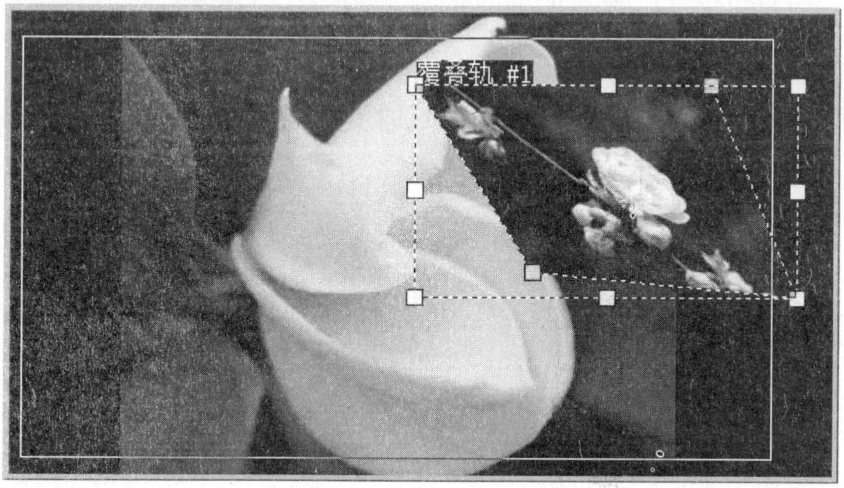

图 6–26　覆叠轨道

6.3 综合实验

6.3.1 实验目的

（1）下载并安装 Corel Video Studio X9。

（2）了解 Corel Video Studio X9 的基本特点。

（3）掌握 Corel Video Studio X9 的基本功能。

（4）学会用 Corel Video Studio X9 编辑简单视频。

6.3.2 实验内容与要求

（1）安装 Corel Video Studio X9 版本

① 下载 Corel Video Studio X9 安装包，解压，找到“setup.exe”文件，以管理员身份运行。

② 勾选“我接受此协议”的条款。

③ 选择所需的安装方式，可以是“立即安装”，也可以是“自定义”。

④ 在安装选项中，选择自己需要的功能安装，不需要的功能在弹出的下拉菜单中勾选“不可用”，文件位置默认为 C 盘，可以将它改为 D 盘，避免系统盘内容太多，影响电脑速度。

⑤ 点击“立即安装”，等待一会儿，安装完成。

⑥ 点击桌面上的 Corel Video Studio X 9 图标就可以打开软件（图 6–27）。

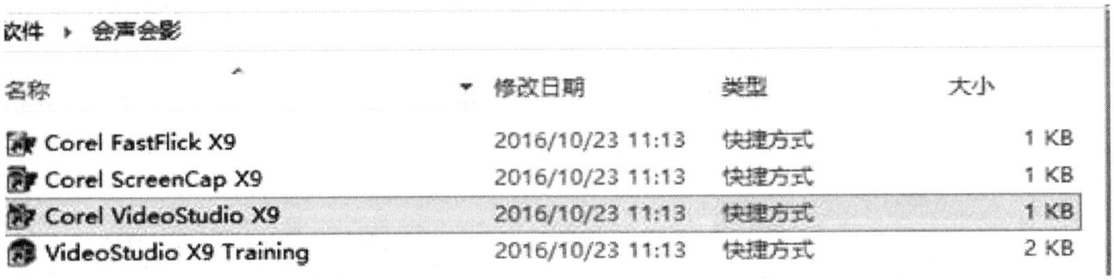

图 6–27　安装 Corel Video Studio X 9 版本

（2）熟悉会声会影的基本功能

① 转场功能：一个视频转到另一个视频（或者一张图片转到另一张图片）的过程的跳转风格。

② 标题功能：在视频中添加文字（或者字幕）。有很多种风格可选择。

③ 滤镜功能：添加滤镜之后，在图片或者视频上会多一个小图标。

④ 剪切功能：可以剪切视频、音乐。在播放视频或者音乐的过程中，如果想要剪切，可直接暂停，然后点击剪刀按钮，软件会自己分段。

⑤ 轨道管理器：点击进入管理器，要的轨道勾选，不要的不选。（图 6–28）。

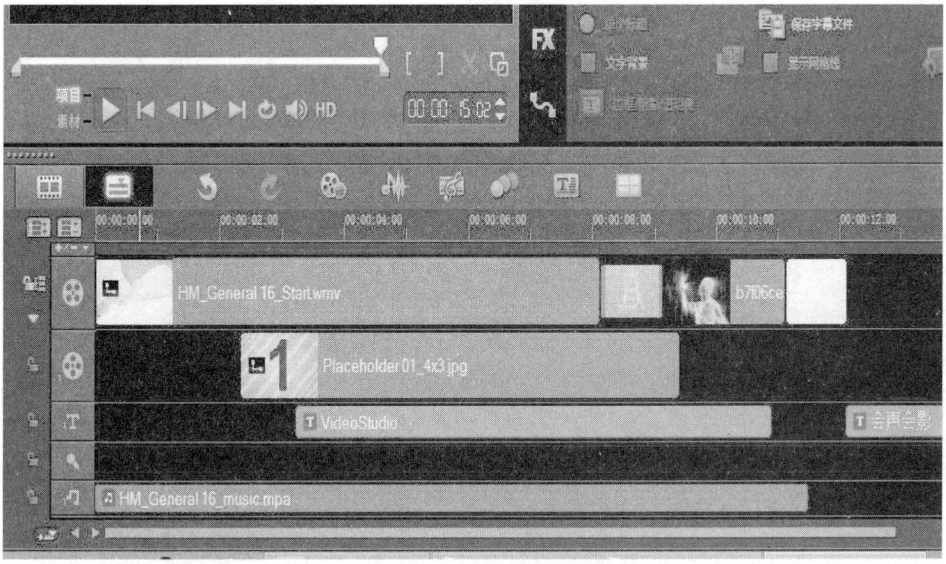

图 6–28　轨道管理器

（3）简单视频制作

① 打开软件，熟悉基本界面和相关主要功能，如图 6–29 所示。主界面分为文件、编辑、工具、设置和帮助 5 项；捕获界面包含捕获视频、DV 快速扫描、从数字媒体导入、定格动画、屏幕捕获 5 项。

② 右键点击素材库的空白处，选择插入媒体文件，如图 6–30 所示。

③ 新媒体文件导入媒体库后，视频轨中可以连续放置媒体文件，以达到相应效果，如图 6–31 所示。

④ 挑选适合的转场素材，如图 6–32 所示。

⑤ 第一个视频的结尾和第二个视频的开头之间加入转场动画才显得自然，如图 6–33 所示。

⑥ 点击“多重修整”视频，对视频属性进行调节，如图 6–34 所示。

⑦ 剪切视频，对不必要的部分删除，如图 6–35 所示。

⑧ 拖动视频文件到覆盖轨，如图 6–36 所示。

⑨ 视频窗口中有两个视频同时播放。找到音频素材，把音频文件拖动到音频轨，如图 6–37、图 6–38 所示。

⑩ 找到字幕素材，把字幕动图拖动到标题轨，如图 6–39 所示。

⑪ 点击屏幕上方的“共享”选项，选择输出视频的格式，如图 6–40 所示。

⑫ 更改文件名和文件保存的路径位置，点击“开始”，完成视频输出，如图 6–41 所示。

图 6-29　熟悉基本界面

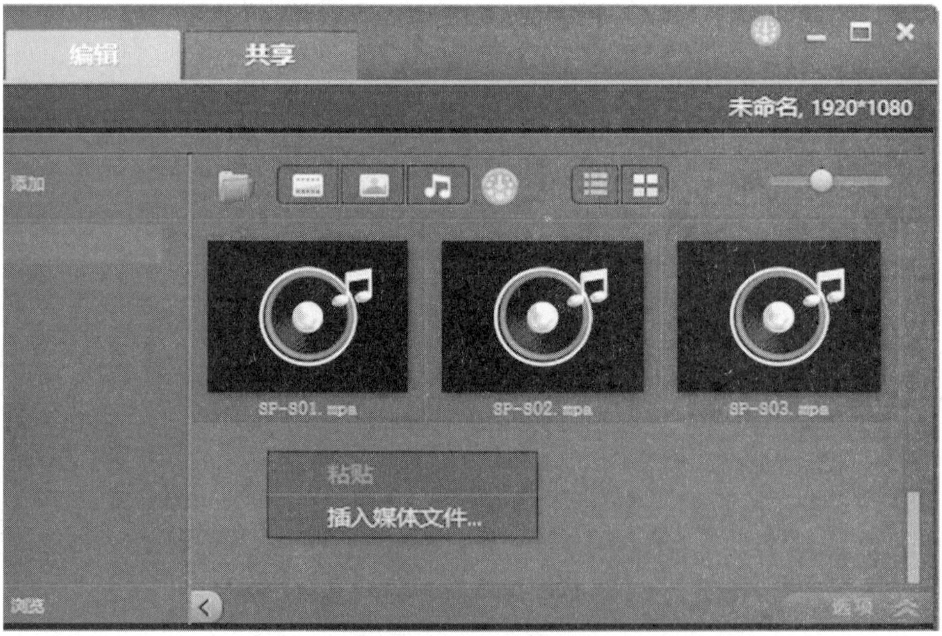

图 6-30　插入媒体文件

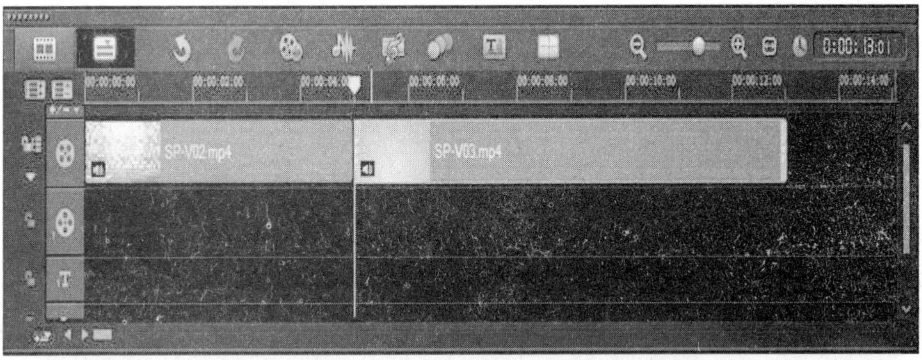

图 6-31　新媒体文件导入媒体库

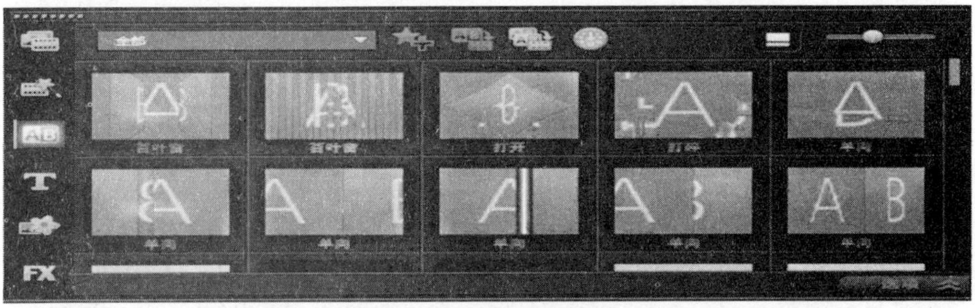

图 6-32　挑选适合的转场素材

图 6-33　加入转场动画

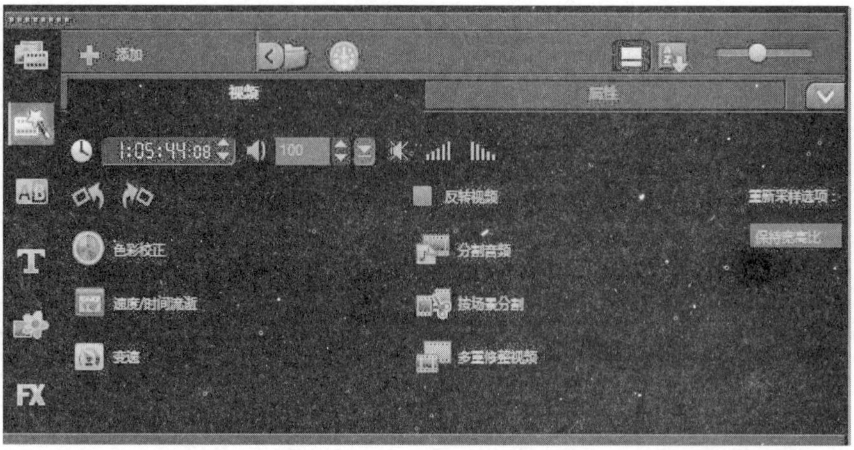

图 6–34　多重修整视频

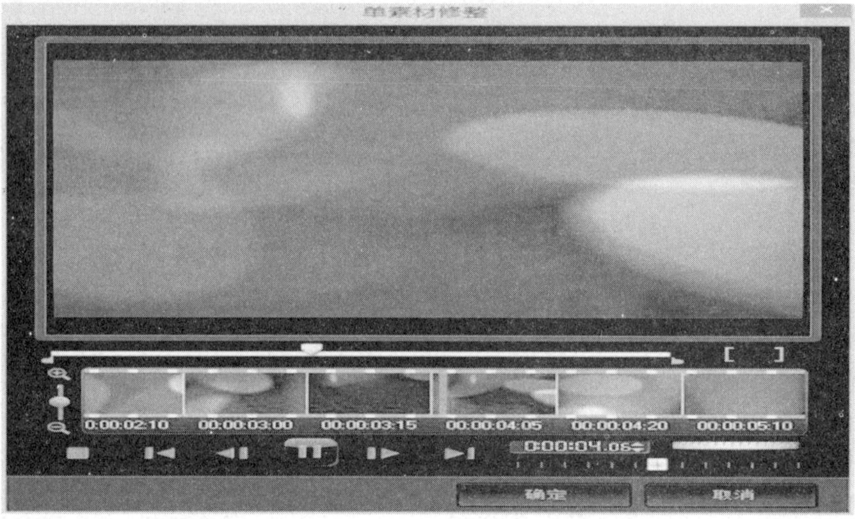

图 6–35　剪切视频

图 6–36　拖动视频文件到覆盖轨

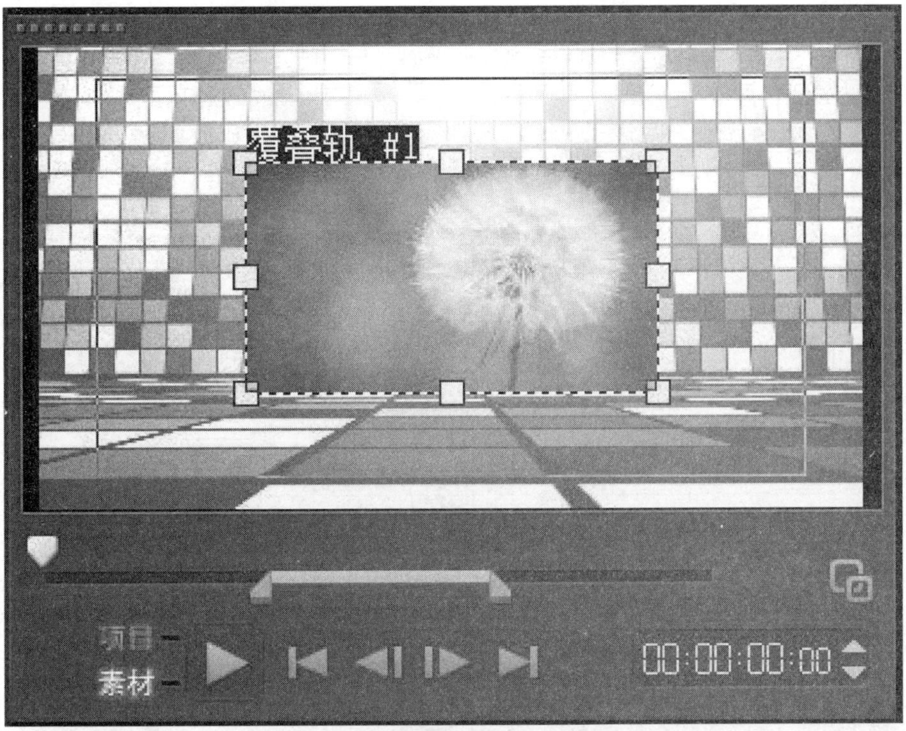

图 6-37　拖动音频文件到音频轨（一）

图 6-38　拖动音频文件到音频轨（二）

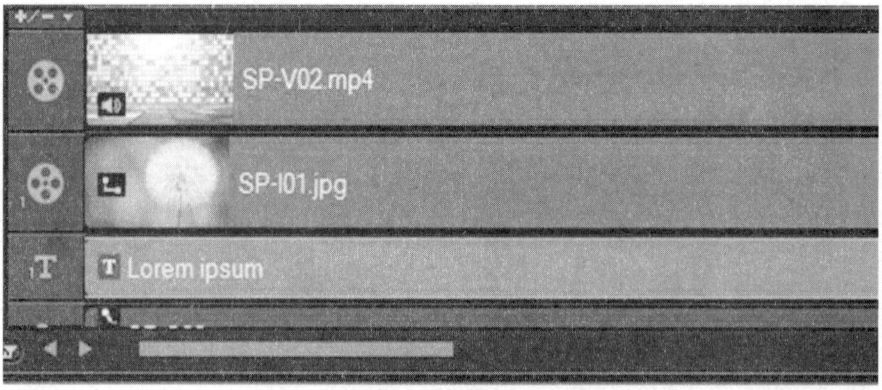

图 6-39　拖动字幕动图到标题轨

图 6-40　选择输出视频的格式

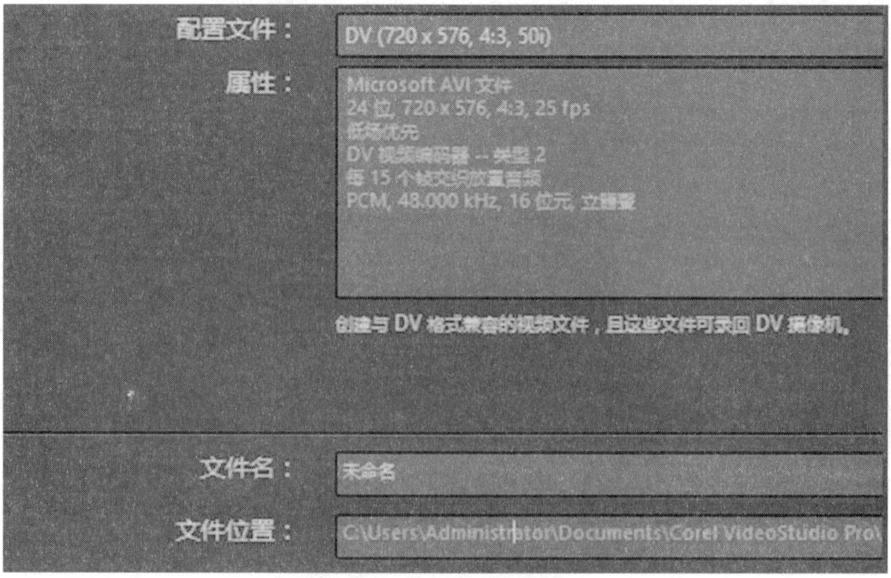

图 6-41　完成视频输出

6. 3. 3　实验环境

（1）软件环境：Windows 10，会声会影；
（2）硬件环境：PC 机。

6. 3. 4　实验报告

本实验报告应包括以下内容：
（1）实验名称；
（2）实验目的和要求；
（3）操作方法和实验步骤；
（4）实验结果与分析；
（5）体会、质疑、建议。

实验前要进行充分的预习准备，实验过程要独立完成，分析实验结果，总结对本次实验的体会。

第 7 章　网页制作与发布

7. 1　概述

7. 1. 1　网页设计基础

（1）网页概述

网页中包含很多种类型的内容（即网页元素），最基本的是文字，还包括图像、动画和音频视频形式的多媒体文件，这些文件存放在服务器上，用户通过浏览器进行访问，这就是 B/S 结构（Browser/Server，浏览器 / 服务器）。设计网页的最终目的是给访问者显示有价值的信息，并留下最深刻的印象。在设计网页前，需要先了解一些相关知识。

WWW（World Wide Web，环球信息网；也可简称为 Web，万维网）是一个基于超文本（Hypertext）方式的信息检索服务工具，采用的是由指针链接的超网状结构。Web 系统允许超文本指针所指向的目标信息源不仅可以是文本，也可以是其他媒体，如图形、图像、声音、动画等信息，更重要的是可以把分散在不同主机上的资源有机的组织在一起，这种超文本结构与多媒体的结合体被称为“超媒体”（Hypermedia，现在的含义已变为 UltraMedia）。

Web 系统已在教育、科学技术、商业广告、公共关系、大众媒体和娱乐等多方面起着越来越重要的作用。WWW 的应用已远超原有的设想，成为 Internet 上最受欢迎的应用之一，它的出现极大地推动了 Internet 的推广。WWW 获得成功的秘诀在于它制定了一套标准的、易于掌握的超文本开发语言、信息资源的统一定位格式和超文本传送通信协议，用户掌握后可以很容易地建立自己的网站。

超链接（Hyper Link）指向 WWW 中的资源，例如网页、声音、文件、段落等，这些资源可放在任何一个服务器上。

统一资源定位器（Uniform Resource Locator，URL）用于描述 Internet 上资源的位置和访问方式，也可以称为网址，它相当于通信地址。

URL 通常包括三个部分，第一部分是网络协议，告诉浏览器该如何工作；第二部分是文件所在的主机；第三部分是文件的路径和文件名。

URL 的基本语法为：scheme://host.domain:port/path/filename。

例如，新浪一个网页的网址为 http://tech.sina.com.cn/it/2013-07-27/12518580984.shtml

① scheme（传输协议）：定义因特网服务的类型，告诉浏览器如何解析将要打开的文件内容。最流行的类型是 http，还有 ftp 等。

② host（主机）：定义此域中的主机。如果省略，默认为 www，例中是 tech。

③ domain（域）：定义因特网域名，比如：sina.com.cn。

④ port（端口）：定义服务的端口号，通常省略，http 默认的端口号为 80。

⑤ path（路径）：定义服务器的路径（辅助的路径）。如果省略，资源（文档）会被定位到网站的根目录，例中是“it/2013-07-27/”。

⑥ filename（文件名）：定义文档的名称。例中是“12518580984.shtml”。

网站（Web Site）是存放在网络服务器上的完整信息集合体。它包含一个或多个网页，这些网页以一定的方式链接在一起，成为一个整体，用来描述一组完整的信息或达到某种期望的宣传效果。

网页（Web pages）是网站的组成部分，制作者可以将需要公布的信息按照一定的方式分类，放在每个网页上。网页里可以有文字、图像、动画、声音及视频信息等。网页可以看成是一个单一体，是网站的一个元素。

首页（Home page）也称为主页。它既和一般网页一样，可以存放各种信息；同时又很特殊，作为整个网站的起始点和汇总点，是浏览者访问一个网站时看到的第一个网页，默认索引文件名为 index.html、index.php 等。

Windows 自带的记事本可以用来查看和编辑网页的源代码，也可以创建简单网页。EditPlus 是功能强大的文本文件编辑软件，不仅可以编辑网页文件，也可以编辑 C、Java、PHP、JSP 等语言文件，还具有自动添加标记、高亮显示一些关键字等功能。Dreamweaver 是 Adobe 公司的专业网页开发工具，不仅可以进行可视化设计，代码窗口的编辑功能也相当强大，专业开发建议使用该软件。

Microsoft 公司开发的 IE 凭借是 Windows 自带的默认浏览器身份长期占据浏览器市场，最新版的 IE11 随 Windows 8.1 一起发布，跟其他非 IE 内核的最新版浏览器（Chrome、Firefox、Safari、Opera 等）一样，基本符合 Web 新标准（HTML5 和 CSS3）。现在的浏览器主要采用 4 种内核：Trident、Blink、Webkit 和 Gecko。

制作网页时采用的技术主要是 HTML 和 CSS，根据需要也可以使用 JavaScript。

在网络中，如果要向全球范围发布信息，需要一种能够被广泛理解的语言，即所有的计算机都能够理解的一种用于发布信息的“母语”。WWW 所使用的母语就是 HTML。超文本标记语言（Hypertext Text Markup Language, HTML）是构成 Web 页面（Page）的基础。用 HTML 编写的超文本文档称为 HTML 文档，它是由很多标记组成的一种文本文件，可以说明文字、图形、动画、声音、表格、链接等。使用 HTML 语言描述的文件，能独立于各种操作系统平台（如 Windows、Unix/Linux、Mac OS 等），访问它只需要一个 WWW 浏览器，我们所看到的网页，是浏览器对 HTML 文件进行解释的结果。右击网页空白处，在弹出的快捷菜单中选择“查看源文件”或“查看网页源代码”，可以查看该页面的 HTML 源代码。

在网页制作时，采用 CSS（Cascading Style Sheet，层叠样式表）技术，可以对页面的布局、字体、颜色、背景等效果实现更加精确地控制。

JavaScript（Scripting Language）是由 Netscape 公司开发的一种脚本语言。在 HTML 基础上使用 JavaScript 可以开发交互式 Web 网页，例如可以在线填写各类表格、联机编写文档并发布等。

（2）Web 设计基础

Web 设计师需要研究布局、字体、颜色以及空白的应用，并围绕要表达的信息把这些元素融为一体，构成一个网页乃至网站，从而形成自己的风格。

Web 站点所要实现的目标是设计的最终方向，而页面的制作仅仅是设计的具体实现。Web 站点的设计并不是通常认为的网页制作，而是一个融合了多种设计原则和设计过程的系统工程。

Web 站点由一组 Web 页面组成，这些 Web 页面具有一定的分层设计和组织。在规划设计 Web 界面时，第一个步骤就是明确网站的目标和用途（例如产品销售），Web 设计的布局、风格和内容等都要以这个目标为中心。结构设计要做的事情就是将内容划分为清晰合理的层次体系，建立组成 Web 站点的各个页面的相互关联关系，构建一个组织优良的网站整体。首页通常命名为 index，放在根目录下，每个栏目的首页命名方式应相同。

（3）明确类型

在开始设计工作之前，确定网站的类型（如销售产品或形象宣传）是首要任务。从一个网站的内容和特性来看，网站的类型包括新闻或信息、企业、商业、政府、个人、社交、搜索网站等。一个成功的网站必须有明确的用户群、内容、功能以及视觉和体验的独特性，方能在浩如烟海的站点中脱颖而出。

新闻资讯类站点，如新浪、搜狐等大型门户网站，主要向访问者提供大量的信息，涉及经济、政治、人文、生活等方面的内容，网站日访问量巨大，访问群体范围较广，其设计更注重信息覆盖的范围及受众的广泛性。因此需注意页面的分割、结构的合理、页面的优化、界面的亲和等问题。如图 7–1 所示的新浪网，其设计特别注重了信息的分类合理、导航清晰，使用户能迅速在众多信息中找到自己感兴趣的内容。同时，色彩选择较为平淡的基色调，以减少对用户的视觉刺激效果，增长用户浏览网页的时间。

图 7–1　新浪网

一些资讯和形象相结合的网站，如政府网等，主要用于发布政策规章制度等信息，提供各种在线政务服务。因此，在布局设计上要求简单合理。使用户能够迅速找到所需信息。常用的功能应给予用户明确、快捷的链接，重要的功能应给予用户醒目的提示。使用中性、温和的色彩，颜色使用不宜过多和跳跃，整体色彩应给用户传递严谨、权威、庄重的心理感觉。如图 7–2 所示为中央人民政府的门户网站。

图 7–2 中央人民政府门户网站

形象类网站，比如商业企业的对外宣传网站，是为企业产品和形象宣传的重要窗口，主要是为了让外界了解企业自身，树立良好企业形象，并适当提供一定产品服务。因此，网页设计的主要任务是突出企业形象。这类网站对设计者的美工水平要求较高。同时，设计方法也不拘一格，重点在于新颖、有特色，能够传递出强烈的企业文化信息。如图 7–3 所示为美的集团网站。

图 7–3 美的集团网站

7. 1. 2 网站建设

对于今天的许多企业而言，网站极有可能是他们和目标客户之间的第一联系方式。因此使客户能够清楚地认识网站所要表达的信息或提供的服务是至关重要的。

（1）保持站点简洁明确

一个好的网站设计应该做到主题鲜明突出，布局清晰简洁，能够以简单明确的语言和画面告诉访问者站点的主题，使用户能够很容易地找到他所需要的内容。

界面简洁：对内容文本进行精炼化，保留关键信息；使用一个醒目的标题，可采用简洁的图形来表示；限制所用的字体和颜色的数目。

内容明确：使用清楚的消息标识，确保用户了解此页面的上下文；使导航元素保持一致，并且对访问率最高的区域进行明显的标记，使它们易于被用户找到；界面上所有的元素都应当有明确的含义和用途，不要试图用无关的图片把界面装点起来；确保界面上每一个元素都能让浏览者看到。

网页设计应尽量减少浏览层次。

（2）保证网页设计一致性

一致性的网页设计原则使得访问者容易理解站点的结构，否则可能导致访问者陷入困惑。要保持一致性，可以从页面的结构排版入手：

① 定义一致的页面模板，各个页面使用相同的页边距。

② 文本和图形之间保持相同的间距。

③ 主要图形、标题或符号旁边留下相同的空白。

④ 如果在第一页的顶部放置了公司标志，那么在其他各页面都放上这一标志；如果使用图标导航，则各个页面应当使用相同的图标以创造一种熟悉感。

如图 7–4 所示，当当网的二级栏目图书频道和其首页导航条保持一致。这样使得这些页面呈现出的视觉形象相互联系，也使用户感知到正在访问的页面与此前访问的网页是相互联系的。

图 7–4　当当网的二级导航

除了保持布局的最大相似外，在界面元素的设计上，每个元素与整个页面以及站点都应当具有相同的设计风格。另外，在用户的使用模式上保持一致性对于创造良好的用户使用体验也是非常重要的。

（3）注重用户体验

用户体验是用户访问一个网站的感觉。注重用户体验是 Web 站点设计应考虑的一个重要方面，即把用户放在第一位，设计时既要考虑用户的共性，同时也要考虑他们的差异性。

① 研究用户：可以通过分析用户的群体特征，了解主要用户为什么、怎么样使用网站。例如，虽然大多数用户阅读习惯遵循 Z 型或 F 型结构，但一些特殊文化，如阿拉伯语类刚好相反。

② 有效的导航和位置设计：每个网页除了应有同样的导航设计之外，还应当包括当前位置提示以及快速返回链接，如在导航或页面中设计从当前页面直接返回到“首页”的链接。

③ 保持整个网站设计的一致性：例如，统一的色彩方案、相似的页面模板，对于同样的

操作、专业术语等前后保持一致的定义等。

④ 清晰准确的内容设计：清晰准确的内容设计可便于用户快速的获得所需的任何信息。例如，通过对比设计使得文字内容突出；避免一页有太多的内容；对内容进行准确的分类和布局，使得重要的信息总在用户视觉最集中的地方；保持内容间的交叉链接并建立索引等。

这些最基本的准则虽然并不能解决所有的问题，但注意它们并积累个人的设计经验有助于设计出好的网站，达到吸引用户多次访问的目的。

（4）网站栏目规划

明确划分信息群，不让读者产生迷惑，使之能迅速找到所需要的信息，是栏目规划最重要的任务，栏目的分类是否恰当决定了网页的可读性，是决定网站成败的重要因素。栏目的实质是一个网站的大纲索引，其作用就如同一本书的目录一样，因此应该将网站的主体明确显示出来。

在制定栏目的时候，要仔细考虑，合理安排。好的栏目规划结构是将网站内容总体概述，利用导航的形式予以表现，指引浏览者在页面间访问和跳转。

虽然不同类型的网站其定位和功能不同，但也有一些通行的准则。

① 栏目内容一定要紧扣主题。可以将网站的主题按照一定的方法分类作为网站的主栏目。主栏目的个数在整个栏目中应占有较大比重。

② 栏目的目录设计简洁，结构层次清晰，以方便网站的管理。不管网站的内容有多精彩，如果缺乏对内容的准确提炼和总结，不能清晰的告诉访问者所需的信息在哪里，则最终都难以引起浏览者的关注。

③ 栏目的内容要突出重点，用户经常要访问的内容应直接放入主栏目下。其他辅助内容，如关于本站、版权信息等可以不放在主栏目中，以免冲淡主题。尽可能删除与主题无关的栏目，尽可能将网站最有价值的内容列在栏目上。

④一般情况下，访问者应在点击 3~5 次鼠标后就可查询到相关问题。因此应对栏目级数进行控制，最多三级，同时链接应当清晰而准确。

在通行准则指导下可以针对网站特点和性质确定具体栏目设计。栏目设计应该以用户为中心，以对访问者而言简单、直观、可预期的方式来设计网站的结构。一般从网站的类型、希望表达的内容、信息的分类以及同类网站的设计等方面考虑。

为了更好地进行栏目设计，需要收集大量的相关资料，并对其整理，找出重点，结合网站定位，确定网站的分栏目需要哪几项，同时参考类似网站的栏目，反复比较，最后确定网站栏目，形成网站栏目的树状列表，用以清晰地表达站点结构。

（5）目录结构规划

网站目录指建立网站时创建的目录。目录结构主要指网站包含的文件真实存储的位置的结构。目录结构是设计者容易忽略的问题。大多数初学者进行站点设计时都是未经规划随意创建子目录。事实上，目录结构的好坏对于网站的维护、内容的扩充和移植、搜索引擎的访问都有重要的影响。

① 建立目录建议

a. 不要将所有文件都存放在根目录下。

b. 按栏目内容建立子目录。

c. 建立一些特定目录存放公共信息。例如把图片文件存放在 images 目录。

② 目录规划原则

a. 目录的层次不要太深，建议不要超过 3 层。

b. 不要使用中文目录，因为其可能使网址不能正确显示。

c. 不要使用过长的目录名。

d. 尽量使用意义明确的目录名，比如 images、css、js、bbs 等。

（6）布局设计技术

① TABLE（表格）布局：表格布局的优点是简单易用、所见即所得、设计速度快。但代码可读性差、可维护性差，由于后台代码太多，导致网站打开速度慢。如果有手机客户，应尽量不使用该布局。

② DIV+CSS 布局：其优点是 DIV 用于搭建网站结构，CSS 用于实现网站表现，将表现与内容分离，便于大型网站的协作开发和维护；提高搜索引擎对网页的索引效率；缩短改版时间；大大缩减页面代码，提高页面浏览速度，缩减带宽成本；强大的字体控制和排版能力。

随着浏览器版本的标准化和制作工具的完善，该布局技术原来的缺点已经逐渐被克服了，建议使用。

③ 框架布局：框架由于不能进行精确的元素定位，因此不能独立完成页面的布局，它常常和表格配合使用：先用框架将页面划分为几个区域，然后再用表格实现各区域的精确布局，常用在网站系统的后台页面设计中。由于在 HTML5 标准中已经不推荐，所以该布局不建议使用。

7. 1. 3　HTML 语言

（1）HTML 文档的结构

如图 7-5 所示，一个完整的 HTML 文档包含头部和主体两个部分的内容，在头部内容里，可定义标题、页面元信息等，文档的主体内容就是浏览器中显示的信息。

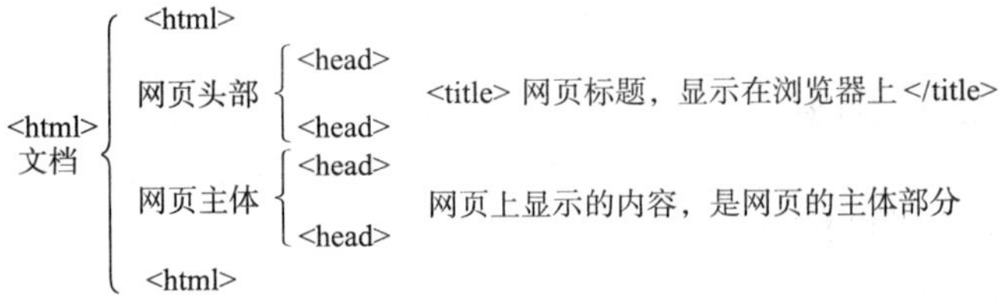

图 7-5　HTML 文档基本结构图

下面是一个简单 HTML 示例代码。

```
<html>
    <head>
<title>A simple example of HTML</title>


    </head>
        <body>
```

```
        <h1>Welcome to my homepage.</h1>
</body>
  </html>
```

说明：头部标记 <head> 中提供与 Web 页有关的各种信息，一般有下列标记：

title：定义文档标题。

style：定义文档内容样式表，也可用 link（定义资源引用）链接外部样式。

script：插入脚本语言程序。

base：定义页面中所有链接的基准 URL。

meta：定义元信息。

<!-- -->：注释内容。

这些信息仅向浏览器提供，不作为文档内容提交。

在头部文件中可以使用 <meta> 标记描述不包含在 HTML 里的一些文档信息，如显示字符集、开发工具、作者、网页关键字、网页描述等。这些定义的内容并不在网页中显示，但是一些搜索引擎可以检索到这些信息。

下面为 <meta> 标记示例代码，charset=utf-8 行说明文字编码为 utf-8，Keywords 行说明网站的关键字，Description 行说明网站的简单描述。

```
<html>
<head>
<title> 我的第一个网页 </title>
<meta http-equiv="content-Typle"content="text/html;charset=uf-8>
<meta http-equiv="Keywords"content=" 教育，计算机 >
<meta http-equiv="Description"content=" 教育，计算机 >
</head>
<body>
</body>
</html
```

meta 也可以重定向到另外一个地址，如：

```
<meta http-equiv="Refresh"content="5;url=index.html>
```

DOCTYPE 标记定义文档类型。此标签须位于 html 标签之前，用来声明使用什么风格的 HTML 或 XHTML。DOCTYPE 使浏览器知道应该如何处理文档，让验证器知道按照什么样的标准检查代码的语法。然后，用 html 标记标出实际代码的起始位置。HTML4 和 XHTML1 当前都有 3 种风格：严格型、过渡型和框架型。

XHTML1.0 的过渡型声明格式如下：

```
<!DOCTYPE html PUBLIC"-//W3C//DTD XHTML 1.0 transition//EN"
http://www.w3.org/TR/xhtml-transition.dtd">
```

（2）HTML 基本语法

① 标记语法

HTML 用于描述功能的符号称为“标记”。<html>、<head>、<body> 等都是标记。标记通常分为单标记和双标记两种类型。

a. 单标记法：单标记仅单独使用就可以表达完整的意思。

基本语法：< 标记名称 >

语法说明：最常用的单标记是
，它表示换行。

b. 双标记法：双标记由开始标记和结束标记两部分构成，它必须成对使用。开始标记告诉 Web 浏览器从此处开始执行该标记所表示的功能。结束标记告诉 Web 浏览器在这里结束该标记。

基本语法：< 标记名称 > 内容 </ 标记名称 >

语法说明："内容"部分就是要被这对标记施加作用的部分。

例如，"<strong>"标记的作用是告诉浏览器，介于标记 <strong> 和 </strong> 之间的文本相比较而言是更重要的部分，网页中应呈现为粗体显示。

标记可以包含标记，即标记可以成对嵌套，但是不能交叉嵌套。下面的代码就是错误的：

<strong><em> 这是错误的交叉嵌套代码 </strong></em>。

② 属性语法

HTML 中可以为某些元素附加一些信息，这些附加信息被称为属性（attribute）。

基本语法：<HTML 标记名称属性名 1="属性值 1" 属性名 2="属性值 2" … >

例如：

<p title=" 这是一个段落 "id="newname"class="newname"> 段落内容 </p>

（3）注释

注释标签用于在 HTML 源码中插入注释。注释会被浏览器忽略。可以使用注释对程序代码进行解释，适当的注释对代码的阅读和维护能产生很大的帮助。

基本语法：<!-- 注释内容 -->

语法说明：左括号后需要写一个惊叹号，右括号前就不需要了。

编写 HTML 文档的注意事项如下：

① 页码编码规则

"<"和">"是所有标记的开始和结束标志。元素的标记要放在这对尖括号内，有斜线"/"的表示结束标记；元素必须被关闭。

a. 标记可以嵌套使用，但不能交叉嵌套。

b. 在源代码中不区分大小写，以下几种写法都是正确并且相同的：<HEAD>、<Head>、<head>。但建议标签名和属性统一使用小写字母。

c. 回车符和空格在 HTML 代码中不起作用。为了代码清晰，建议不同的标记都单独占一行。

d. 标记中可以放置各种属性，属性值都用引号""""引起来。

e. 编写代码，一般应该使用缩进风格，以便更好地理解页面的结构，便于阅读和维护。

② 命名规则

为了能用浏览器正常浏览网页，在用记事本或别的 HTML 开发工具编写好 HTML 文档，保存命名时，要注意以下几点：

a. 文件的扩展名可为 .htm 或 .html，建议统一使用 html 作为文件的扩展名。

b. 要以最简短的名称清晰地体现含义。每个文件夹中应该包含一个缺省的 html 文件

（index.html）。

c. 文件名中统一用小写英文单词、数字和下划线的组合。例如，news_title_top_b_01（性质 _ 描述 _ 位置 _ 分类 _ 数量）。不要包含汉字、空格和特殊符号，比如 $ 等。

d. 可以采用驼峰式命名规则。如果文件名由两个或两个以上单词组成，则文件名称中第二个单词起的第一个字母要大写。例如，公司简介为 aboutUs。如果利用数字编号来区分文件，第一个文件名中的 1 必须忽略，例如 aboutUs、aboutUs2、aboutUs3。命名单词组合顺序为：划分文件项目或类型类单词 + 功能性单词 + 用途类单词或编号，例如 productAdd 中 product 为产品（项目）加上 Add 表示页面的功能为添加（增加）。如有多个添加产品的页面，可以利用编号区分，如 productAdd、productAdd2、productAdd3。

（4）HTML 文档

HTML 的声明格式如下：

```
<!DOCTYPE HTML>
```

HTML 5 中简化了文字编码的说明 <meta charset="utf-8">，其他代码与 HTML 4 一致。

```
<!doctype HTML>
<html>
<head>
<meta charset="utf-8">
   <title>HTML 文档演示 </title>
</head>
<body>
<p> 这是首页，<strong> 更重要的文本在浏览器中显示为粗体 </strong>。</p>
<img src="image/welcome.gif">
</body>
</html>
```

7. 2　Dreamweaver 软件

Adobe Dreamweaver（DW，梦想编织者）最初为美国 MACROMEDIA 公司开发，2005 年该公司被 Adobe 公司收购。DW 是集网页制作和管理网站于一身的所见即所得的网页代码编辑器。利用它可以轻而易举地制作出跨越平台和浏览器限制的充满动感的网页。

Adobe Dreamweaver 使用所见即所得的接口，亦有 HTML 编辑功能。它有 Mac 和 Windows 系统版本。随着 Macromedia 被 Adobe 收购，Adobe 也开始计划开发 Linux 版本的 Dreamweaver。Dreamweaver 自 MX 版本开始，使用了 Opera 的排版引擎“Presto”进行网页渲染。

7. 2. 1　Dreamweaver 工作区介绍

（1）菜单栏（图 7-6）

包括 10 个菜单，单击每个菜单，会弹出其下拉菜单，利用菜单基本上能够实现 Dreamweaver CS 5 的所有功能。

【文件】使用文件面板可查看和管理 Dreamweaver 站点中的文件。在文件面板中查看站点、文件或文件夹时，可以更改查看区域的大小，还可以展开或折叠文件面板。

【编辑】对代码、窗口进行编辑、操作的时候用。

【查看】当制作网页时，可以点击它用来查看实时视图、网页代码等。

【插入】用来插入表格、图像、音视频等的工具栏。

【修改】可以修改页面属性、CSS 样式、表格布局、标签等。

【格式】可以调整页面内容的格式、布局等。

【站点】当网页制作完成后，若想发布到互联网上，即需要创建和管理站点。

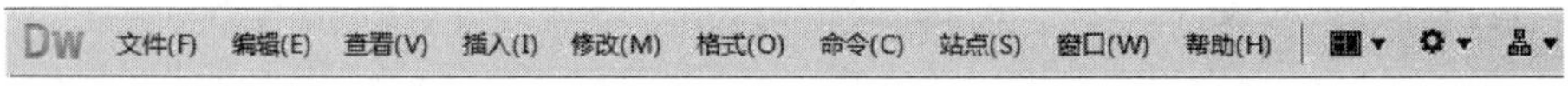

图 7-6 菜单栏

（2）文档工具栏（图 7-7）

文档工具栏包含各种按钮，提供各种文档窗口视图（如设计视图和代码视图）、查看选项和一些常用操作（如在浏览器中浏览）。

图 7-7 文档工具栏

文档工具栏中常用按钮的功能如下：

①  显示代码视图按钮：单击该按钮，仅在文档窗口中显示 HTML 源代码。

② 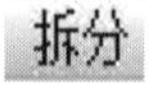 显示代码视图和设计视图按钮：单击该按钮，在文档窗口中同时显示 HTML 源代码和页面的设计效果。

③ 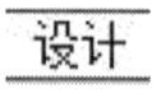 显示设计视图按钮：单击该按钮，仅在文档中显示网页的设计效果。

④ 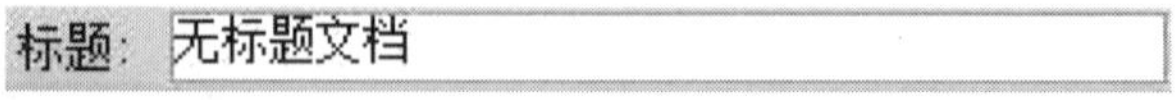 文档标题文本框：用于设置或修改文档标题。

⑤ 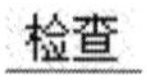 检查浏览器兼容性按钮：单击该按钮，弹出快捷菜单，包含检查浏览器兼容性、显示所有问题及设置命令。

（3）插入栏

插入栏集成了所有可以在网页应用的对象，包括插入菜单中的选项。有常用、布局、表单、文本、HTML、应用程序、Flash 元素和收藏夹共 8 个二级菜单、167 个按钮。插入栏其实就是图像化的插入指令，通过一个个的按钮，可以很容易地加入图像、声音、多媒体动画、表格、图层、框架、表单、Flash 和 ActiveX 等网页元素，如图 7-8 所示。

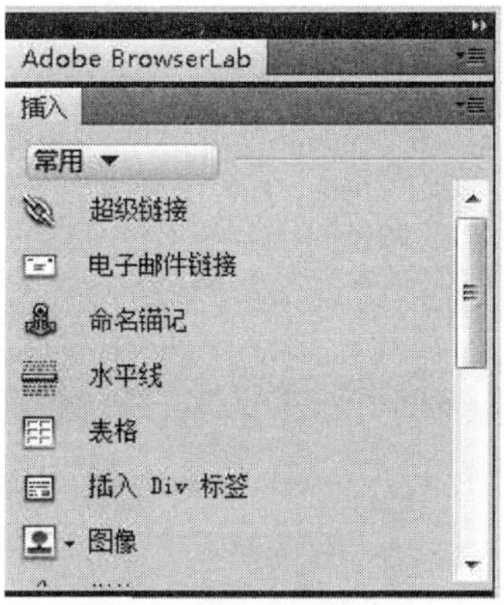

图 7–8　插入栏

（4）文档窗口

文档窗口显示当前文档。可以以下列任一视图显示：“设计”视图是用于可视化页面布局、可视化编辑和快速应用程序开发的设计环境。在该视图中，Dreamweaver 显示文档的所见即所得编辑形式，类似于在浏览器中查看页面时看到的内容。“代码”视图是用于编写 HTML、JavaScript、服务器语言代码以及任何其他类型代码的手工编码环境。“代码和设计”视图可以在一个窗口中看到同一文档的“代码”视图和“设计”视图。

（5）属性面板

属性面板并不是将所有的属性都加载在面板上，而是根据选择的对象动态显示对象的属性，也即属性面板的状态完全是随当前文档中选择的对象变化的。例如，当前选择了一幅图像，那么属性面板上就出现该图像的相关属性；如果选择了表格，那么属性面板会相应的变化成表格的相关属性，如图 7–8 所示。

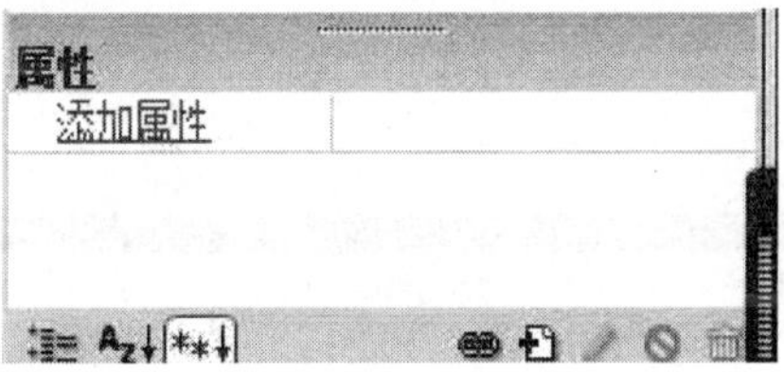

图 7–9　属性面板

（6）状态栏

文档窗口底部的状态栏提供了与正在创建的文档有关的其他信息。标签选择器显示围绕当前选定内容的标签的层次结构。单击该层次结构中的任何标签可以选择该标签中的全部内容。单击可以选择文档的整个正文，如图 7–10 所示。

图 7–10　状态栏

（7）CSS 栏

① 在设计窗口中运用标签检测工具来检测哪个 CSS 规则应用于当前的选择。

② 即时编辑功能使在编辑 CSS 的同时能够通过设计窗口看到变化。

③ 使用增强 CSS 面板直接在代码内部定义样式，并且可以直观地看到 CSS 样式定义的位置。

④ 不必切换到编辑方式即可选取 CSS 样式，CSS 样式下拉列表中内置了所有可用样式的预览显示，如图 7–11 所示。

⑤ 通过“页面属性”对话框（“修改”菜单 →“页面属性”）可获取更多的可改变的页面属性。

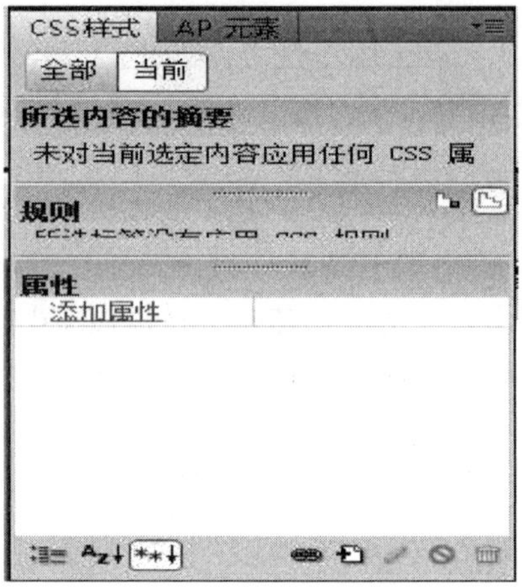

图 7–11　CSS 栏

7. 2. 2　插入页面

插入页面是制作网页的第一步，网页内容的添加是在页面中完成的。打开 Dreamweaver CS5，点击“文件”→“新建文件”→“空白页”，从“页面类型”中选择要创建的页面类型，如图 7–12 所示。

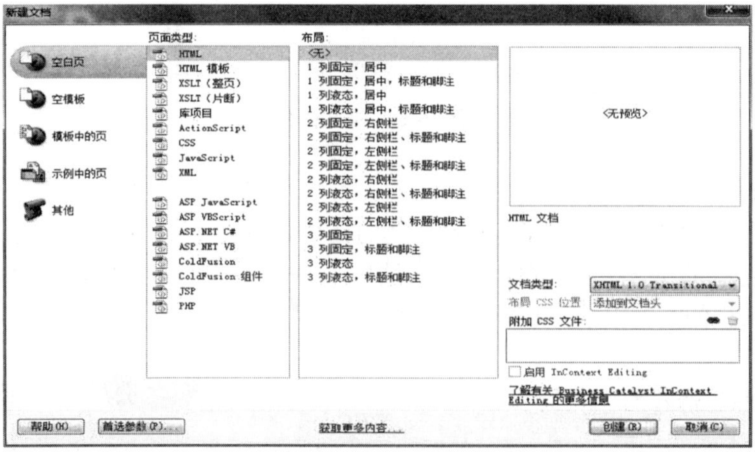

图 7–12　插入页面

如果有现成的模板，可选择“模板中的页”类别。在“站点”中选择包含要使用的模板的 Dreamweaver 站点，然后从右侧的列表中选择一个模板，如图 7–13 所示。

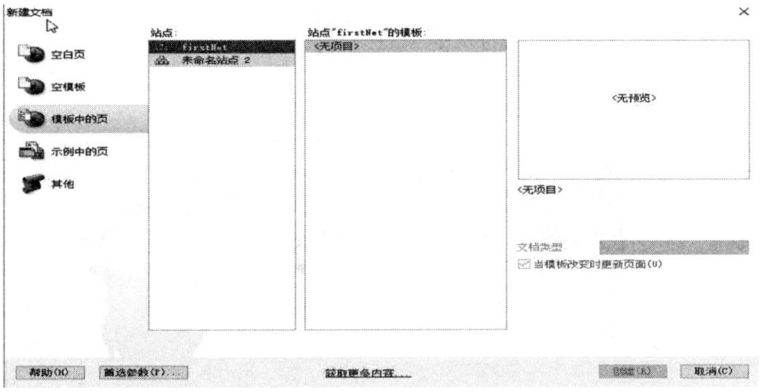

图 7–13　选择模板

7. 2. 3　设置页面属性

页面属性包括字体、颜色、边距，很大程度上影响着整个网页的美观程度。可在新建的网页编辑窗口空白处单击右键，选择“页面属性”功能，在对应的对话框中进行设置，完成后点击“应用”，然后“确定”，如图 7–14 所示。

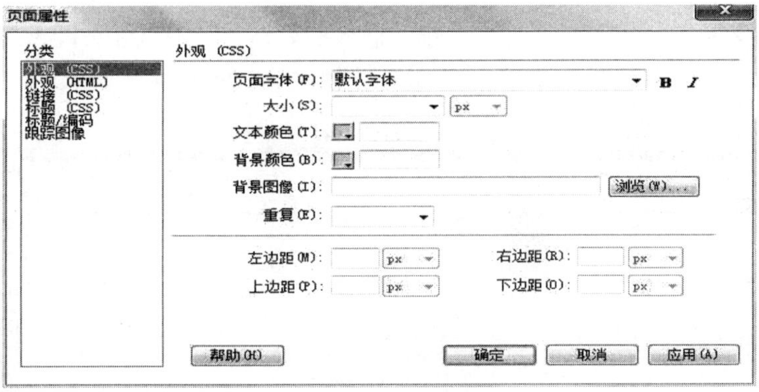

图 7–14　设置页面属性

7. 2. 4　插入表格

表格是网页排版的基础。在制作网页之前，应大致构想出网页的内容是什么样子，然后插入表格，再在每个表格中添加相应的内容。点击“插入”→“表格”，填写行数、列数、宽度等，如图 7–15 所示。

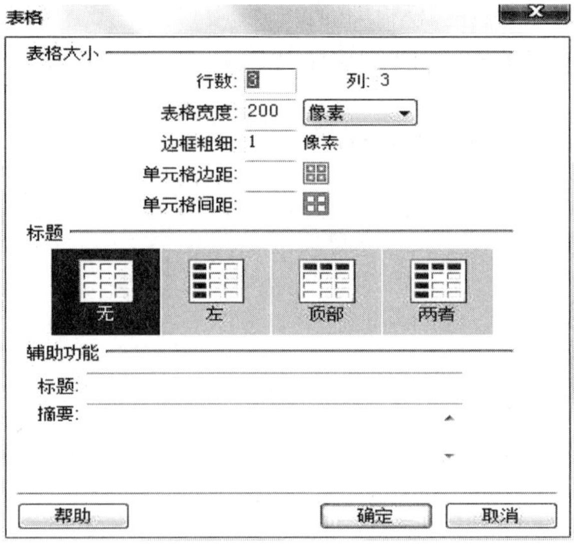

图 7–15　插入表格

7. 2. 5　网页排版

排版是决定网页最终形态的一个重要环节，网页是否完善、美观，主要就是看排版。排版的内容主要有对齐、拆分单元格等。

对齐是设置表格及内容的对齐方式。选中插入的表格，单击鼠标右键，在弹出的快捷菜单中选择“对齐”→“居中对齐”，将插入的表格居中对齐，如图 7–16 所示。

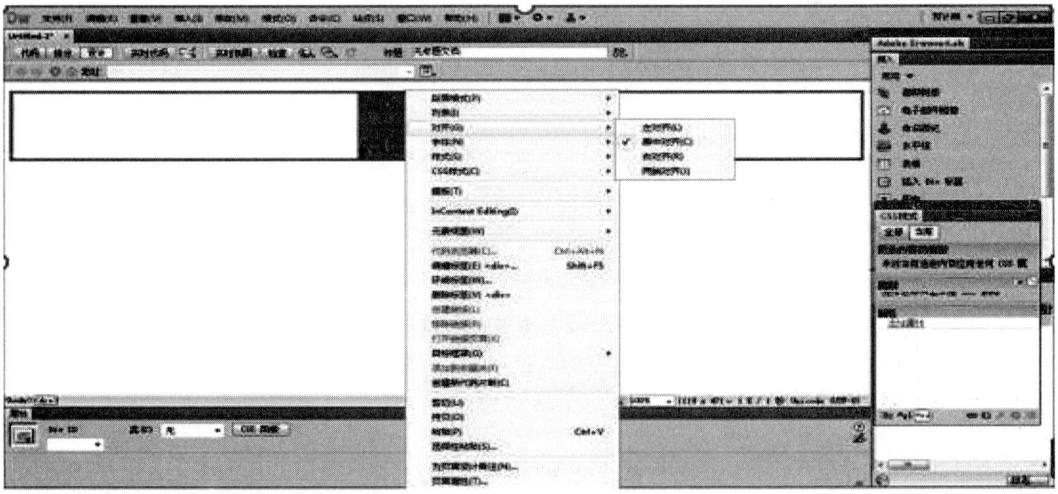

图 7–16　网页排版

拆分单元格是把一个表格拆分成多个表格的过程，可选择拆分几列或者几行，在插入图像、编辑文字的时候应用较多。选择要拆分的单元格，在“属性”面板中单击“拆分单元格为行或列”按钮，选择把单元格拆分为几列或几行。可以使用鼠标调整表格中单元格的位置。在

图 7–17 中，上面两行中间列的单元格已经合并成一个。

图 7–17　拆分单元格

上述内容也可以在属性检查器中设置，如图 7–18 所示。

图 7–18　属性检查器

7. 2. 6　插入图像

插入图像包括添加图片、音视频等内容，可使网页内容更加丰富、美观。选中要插入图像的单元格，单击“插入”→“图像”，在弹出的对话框中选择需要插入的图片，如图 7–19 所示。

图 7–19　插入图片

7. 3　综合实验

7. 3. 1　实验目的

（1）了解网页制作的原理和方法。

（2）掌握 Dreamweaver CS 5 的使用方法。

7.3.2 实验内容和要求

（1）新建网页

① 执行【文件】菜单中的【新建】功能，在新建文档窗体中选择“空白页”，页面类型为“HTML”，单击“创建”按钮。

② 在新建的网页编辑窗口空白处单击右键，选择“页面属性”功能，在“大小”下拉列表框中选择 12，设置页面边距为 0。

（2）选择【插入】→【表格】，弹出“表格”对话框，在“行数”文本框中输入 3，在“列数”文本框中输入 3，在“表格宽度”文本框输入 800，在其后的下拉列表框中选择“像素”选项，设置其他属性为 0。

（3）选择插入的表格，单击鼠标右键，在弹出的快捷菜单中选择【对齐】→【居中对齐】。

（4）选择插入表格中第二行的单元格，在“属性”面板中单击“拆分单元格为行或列”按钮，把该单元格拆分成两列，使用鼠标调整表格中单元格的位置。

（5）将鼠标定位到第 1 行单元格中，单击【插入】→【图像】，在弹出的对话框中选择需要插入的图像，然后依次在每个单元格中添加相应的内容。

（6）点击“实时视图”观察效果，适当优化、调整页面的内容、布局，使整个页面更加美观。

（7）保存文档。点击【文件】→【在浏览器中预览】，选择相应的浏览器，即可浏览网页效果。

7.3.3 实验环境

（1）软件环境：Windows10，Dreamweaver CS 5。

（2）硬件环境：PC 机。

7.3.4 实验报告

本实验报告应包括以下内容：

（1）实验名称；

（2）实验目的和要求；

（3）操作方法和实验步骤；

（4）实验结果与分析；

（5）体会、质疑、建议。

实验前要进行充分的预习准备，实验过程要独立完成，总结对本次实验的体会。

第 8 章　Python 程序设计基础

8. 1　Python 程序设计概述

Python 是一种面向对象的解释型计算机程序设计语言，由荷兰人 Guido van Rossum 于 1989 年发明，第一个公开发行版发行于 1991 年。

Python 是纯粹的自由软件，源代码和解释器 CPython 遵循 GPL（GNU General Public License）协议。Python 语法简洁清晰，特色之一是强制用空白符（white space）作为语句缩进。

Python 具有丰富和强大的库，这是它成为当前的热门程序开发语言的重要原因。它常被昵称为“胶水语言”，能够把用其他语言制作的各种模块（尤其是 C/C++）很轻松地联结在一起。常见的一种应用情形是，使用 Python 快速生成程序的原型（有时甚至是程序的最终界面），然后对其中有特别要求的部分，用更合适的语言改写，比如 3D 游戏中的图形渲染模块，性能要求特别高，就可以用 C/C++ 重写，而后封装为 Python 可以调用的扩展类库。需要注意的是，在使用扩展类库时需要考虑平台问题，某些实现不可跨平台。

8. 2　Python 概述

8. 2. 1　在 Windows 操作系统中搭建 Python 编程环境

（1）检查当前系统是否安装了 Python 编程环境

在“开始”菜单中输入 Command 并按回车（或按组合键“WIN+R”），打开命令窗口，输入“python”并按回车。如果出现 Python 提示符（>>>），则说明系统中安装了 Python；如果看到一条出错消息，指出 Python 是无法识别的命令，则说明系统中未安装 Python。

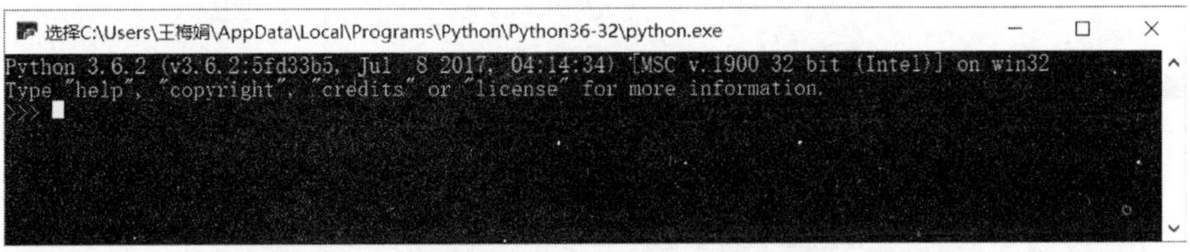
选择C:\Users\王梅娟\AppData\Local\Programs\Python\Python36-32\python.exe
Python 3.6.2 (v3.6.2:5fd33b5, Jul 8 2017, 04:14:34) [MSC v.1900 32 bit (Intel)] on win32
Type "help", "copyright", "credits" or "license" for more information.
>>>

图 8–1　已安装 Python

（2）安装 Python 编程环境

访问 http://python.org/downloads/，下载 Python 3（Python 3 与 Python 2 在语法上存在一定

差异）并运行。安装过程确保选中复选框“Add Python 3.6 to PATH”，如图 8-2 所示。

Python 3.6.2 (32-bit) Setup
Install Python 3.6.2 (32-bit)
Select Install Now to install Python with default settings, or choose
Customize to enable or disable features.
→ Install Now
C:\Users\王梅娟
\AppData\Local\Programs\Python\Python36-32
→ Customize installation
Choose location and features
python
for
windows
Install launcher for all users (recommended)
Add Python 3.6 to PATH
Cancel

图 8-2　Python3.6　安装界面

安装成功后，系统运行 IDLE 交互界面 Shell，如图 8-3 所示。

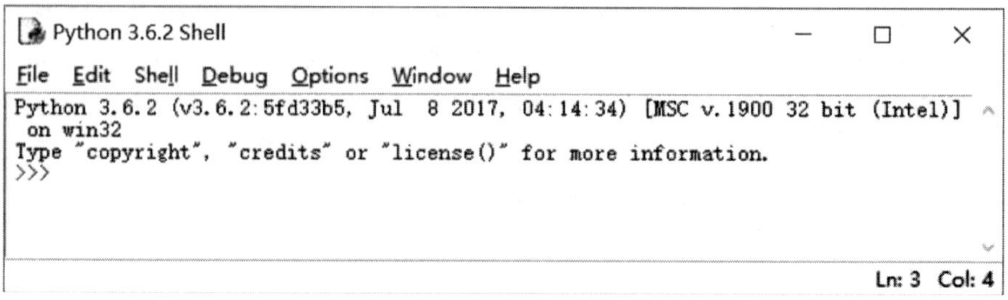
Python 3.6.2 Shell
File Edit Shell Debug Options Window Help
Python 3.6.2 (v3.6.2:5fd33b5, Jul 8 2017, 04:14:34) [MSC v.1900 32 bit (Intel)]
on win32
Type "copyright", "credits" or "license()" for more information.
>>>
Ln: 3 Col: 4

图 8-3　Python 3.6.2 Shell

（3）安装文本编辑器 Geany

访问 http://geany.org/，下载 Download 下的 Releases，找到 geany-1.25_setup.exe 或类似文件，安装。如果需要配置，选择菜单 Build 下的 Set Build Commands，设置终端会话需要使用的路径，大部分时候可以使用默认值。Geany 的运行界面如图 8-4 所示。

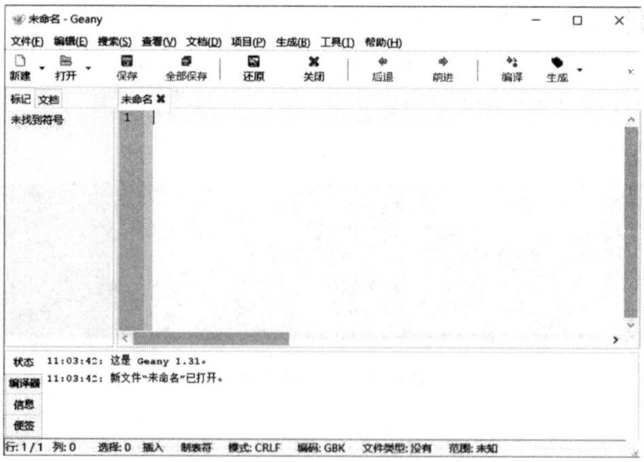
未命名 - Geany
文件(F) 编辑(E) 搜索(S) 查看(V) 文档(D) 项目(P) 生成(B) 工具(T) 帮助(H)
新建 打开 保存 全部保存 还原 关闭 后退 前进 编译 生成
标记 文档
未命名
未找到符号
状态 11:03:42: 这是 Geany 1.31。
编译器 11:03:42: 新文件“未命名”已打开。
信息
便签
行: 1/1 列: 0 选择: 0 插入 制表符 模式: CRLF 编码: GBK 文件类型: 没有 范围: 未知

图 8-4　Geany 界面

8. 2. 2　Python 初识

（1）启动 Python

运行 Python 的 IDLE [默认名称是 IDLE(Python 3.6 32-bit)]，在会话中执行如图 8–5 所示的命令（所有的代码符号都是英文半角格式），将看到输出 “Hello Python World！”。

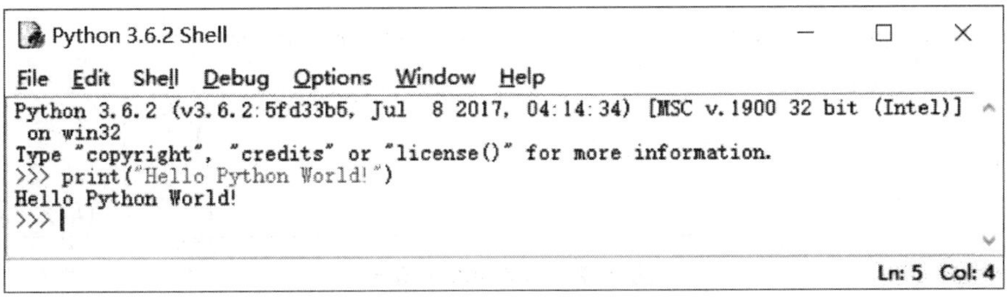
Python 3.6.2 Shell
File Edit Shell Debug Options Window Help
Python 3.6.2 (v3.6.2:5fd33b5, Jul 8 2017, 04:14:34) [MSC v.1900 32 bit (Intel)] on win32
Type "copyright", "credits" or "license()" for more information.
>>> print("Hello Python World!")
Hello Python World!
>>>
Ln: 5 Col: 4

图 8–5　欢迎界面

（2）启动 Geany

Geany 是可以进行文本编辑的编辑器。运行 Geany，在会话中输入：print("Hello Python World！")，命名为 “first.py”（建议保存于指定目录 “D:\Python” ）。后缀名 “.py” 表示是 Python 程序，因此编辑器将使用 Python 解释器来运行。选择工具栏中的 “执行” 按钮，查看结果如果 8–5 所示。

Geany 编辑器的优势之一在于语法突出，如图 8–6 中 print 可以直接被编辑器识别为函数名称，因此以蓝色显示；而 Hello Python World 因为双引号（""）的约束被识别为一个字符串不是 Python 的语法代码，因此以橙色显示。

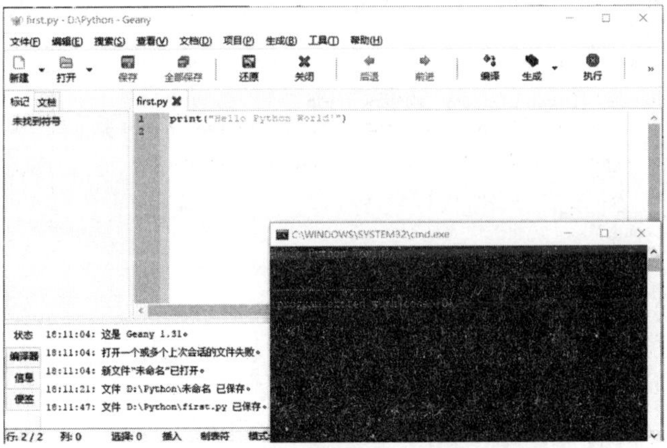
first.py - D:\Python - Geany
新建
打开
保存
全部保存
还原
关闭
后退
前进
编译
生成
执行
first.py
print("Hello Python World!")
C:\WINDOWS\SYSTEM32\cmd.exe
18:11:04: 这是 Geany 1.31。
18:11:04: 打开一个或多个上次会话的文件失败。
18:11:04: 新文件"未命名"已打开。
18:11:21: 文件 D:\Python\未命名 已保存。
18:11:47: 文件 D:\Python\first.py 已保存。

图 8–6　用 Geany 执行 Python 语句

（3）执行输入

运行 Python 的 IDLE，在会话中执行下面的命令：

```
>>> n=input（"please input a number:")
```

回车，查看结果，在光标处输入 6，回车，如图 8–7 所示。此时输出 *n* 的值 print(n)，结果应该为 6。

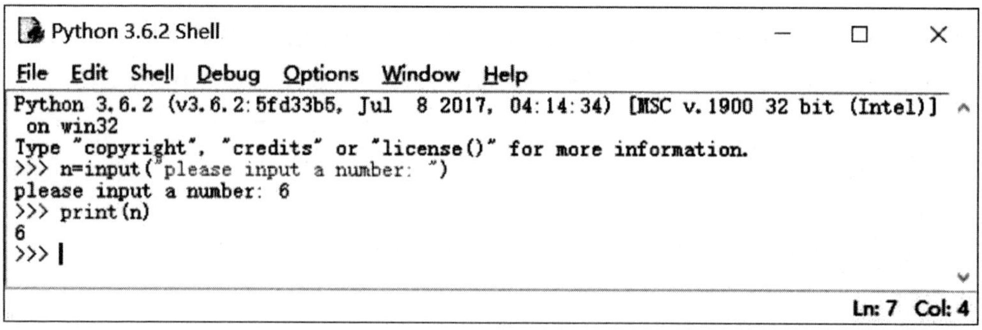
Python 3.6.2 Shell
File Edit Shell Debug Options Window Help
Python 3.6.2 (v3.6.2:5fd33b5, Jul 8 2017, 04:14:34) [MSC v.1900 32 bit (Intel)] on win32
Type "copyright", "credits" or "license()" for more information.
>>> n=input("please input a number: ")
please input a number: 6
>>> print(n)
6
>>>
Ln: 7 Col: 4

图 8–7 输入 input 语句

（4）注释与 Python 之禅

以注释 # 开头的语句可以很好地告诉别人代码的意义或接下来要做的工作，当程序越来越复杂的时候，一定要通过自然语言注释来阐述自己的思想，系统不执行注释行。

```
>>> # 向大家问好
>>> print("hello python world!")
```

Python 的一些理念都包含在 Python 之禅（by Tim Peters）里，这些原则对新手而言非常重要。

```
>>> #Python 之禅
>>> import this
```

结果如图 8–8 所示，要牢记这些指导原则。

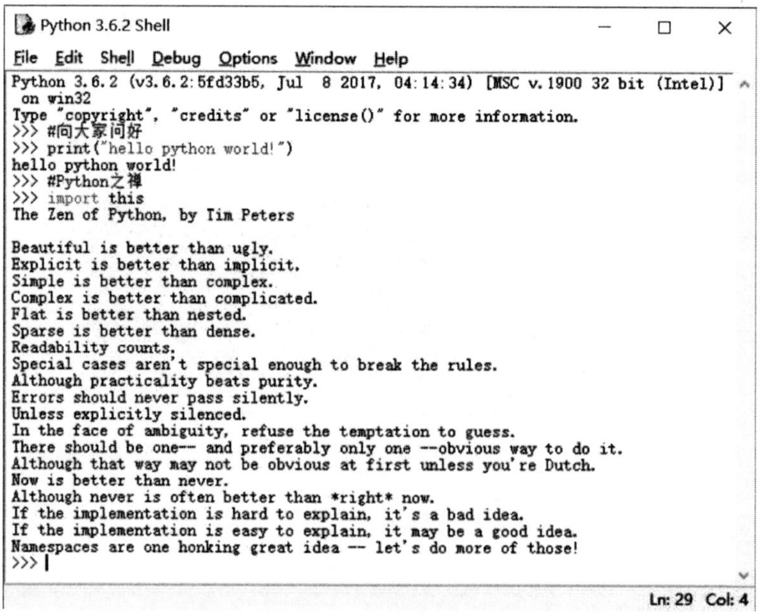
Python 3.6.2 Shell
File Edit Shell Debug Options Window Help
Python 3.6.2 (v3.6.2:5fd33b5, Jul 8 2017, 04:14:34) [MSC v.1900 32 bit (Intel)] on win32
Type "copyright", "credits" or "license()" for more information.
>>> #向大家问好
>>> print("hello python world!")
hello python world!
>>> #Python之禅
>>> import this
The Zen of Python, by Tim Peters
Beautiful is better than ugly.
Explicit is better than implicit.
Simple is better than complex.
Complex is better than complicated.
Flat is better than nested.
Sparse is better than dense.
Readability counts.
Special cases aren't special enough to break the rules.
Although practicality beats purity.
Errors should never pass silently.
Unless explicitly silenced.
In the face of ambiguity, refuse the temptation to guess.
There should be one-- and preferably only one --obvious way to do it.
Although that way may not be obvious at first unless you're Dutch.
Now is better than never.
Although never is often better than *right* now.
If the implementation is hard to explain, it's a bad idea.
If the implementation is easy to explain, it may be a good idea.
Namespaces are one honking great idea -- let's do more of those!
>>>
Ln: 29 Col: 4

图 8–8 Python 之禅

8. 2. 3　Python 基本数据类型与语法

（1）字符串

字符串就是一系列字符。在 Python 中，用引号括起来，可以是单引号，也可以是双引号，还可以是三引号。字符串可以被复制给一个字符串变量。

在会话中依次输入下述代码，结果如图 8–9 所示。

```
# 字符串的基本表示
>>> print("Language:\n\tEnglish\t\tChinese\t\t\tPython")
>>> firststring="hello python world!"
>>> print(firststring)
>>> print("string")
>>> print(string)
```

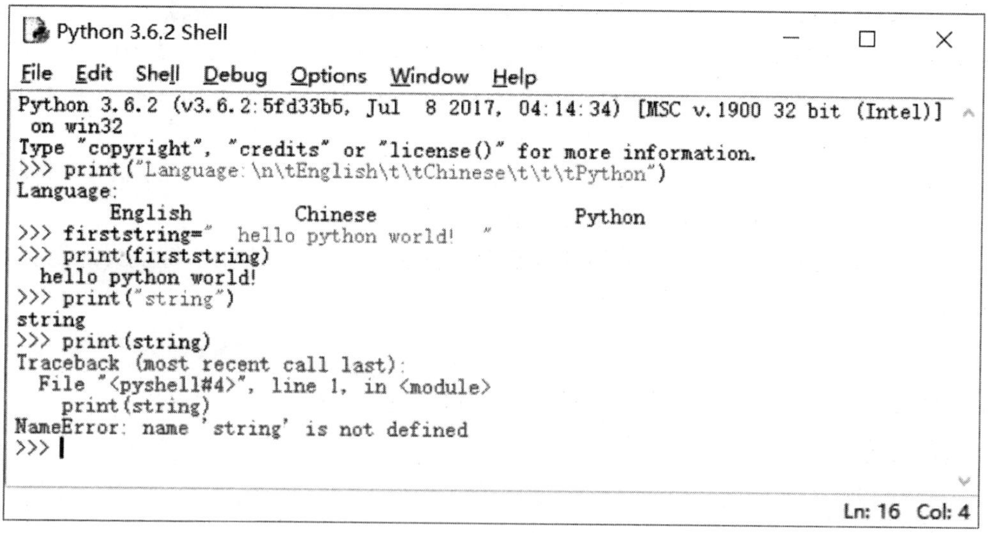
Python 3.6.2 Shell
File Edit Shell Debug Options Window Help
Python 3.6.2 (v3.6.2:5fd33b5, Jul 8 2017, 04:14:34) [MSC v.1900 32 bit (Intel)] on win32
Type "copyright", "credits" or "license()" for more information.
>>> print("Language:\n\tEnglish\t\tChinese\t\t\tPython")
Language:
English Chinese Python
>>> firststring=" hello python world! "
>>> print(firststring)
hello python world!
>>> print("string")
string
>>> print(string)
Traceback (most recent call last):
File "<pyshell#4>", line 1, in <module>
print(string)
NameError: name 'string' is not defined
>>>
Ln: 16 Col: 4

图 8–9　字符串的显示（一）

查看结果可以发现，字符串中的 '\n' 和 '\t' 被显示为换行效果和空格效果，这是转义字符 '\' 的作用结果，即 '\n' 不代表两个字符斜杠和 n，而是一个字符：回车换行。大家在实验中可以将这些细节记录，以不断积累 Python 程序设计的语法基础。

字符串常量和字符串变量的区别在于引号的使用。如果一个字符串变量没有被赋值，在执行的时候系统会报错。

继续输入代码如下，结果如图 8–10 所示。

```
# 字符串的常用显示
>>> print(firststring.title( ))
>>> print(firststring.upper( ))
>>> print(firststring.lower( ))
# 去掉字符串的空格
>>> print(firststring.rstrip( ))
>>> print(firststring.lstrip( ))
>>> print(firststring.strip( ))
```

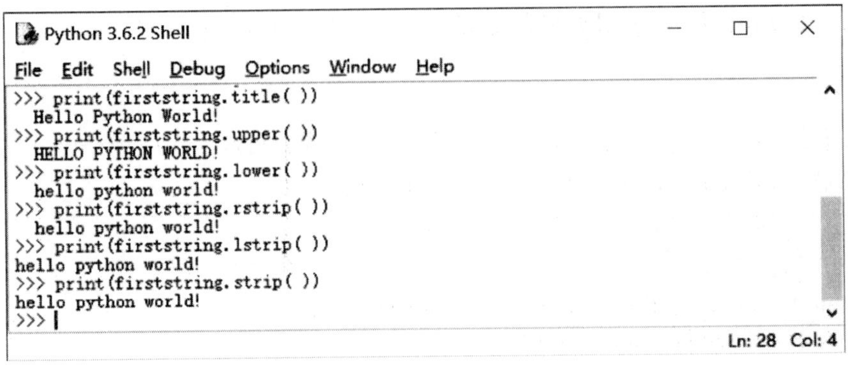
Python 3.6.2 Shell
File Edit Shell Debug Options Window Help
>>> print(firststring.title( ))
Hello Python World!
>>> print(firststring.upper( ))
HELLO PYTHON WORLD!
>>> print(firststring.lower( ))
hello python world!
>>> print(firststring.rstrip( ))
hello python world!
>>> print(firststring.lstrip( ))
hello python world!
>>> print(firststring.strip( ))
hello python world!
>>>
Ln: 28 Col: 4

图 8–10　字符串的显示（二）

说明：

① 方法是 Python 可对数据执行的操作，每个方法后面都有一对小括号（ ），括号里面是额外的信息来完成其功能的执行，如果不需要其他额外信息则是空括号。上述 print 语句中，在字符串变量 firststring 的后面，通过句点（.）运算让 Python 对变量 firststring 执行方法 title( ) 指定的操作。

② 方法 title( ) 是一个以首字母大写的方式显示每个单词的操作；方法 upper( ) 是将字符串改为全部大写；方法 lower( ) 是将字符串改为全部小写。

③ 方法 rstrip( ) 将确保字符串尾部没有空白；方法 lstrip( ) 将确保字符串头部没有空白；方法 strip( ) 将确保字符串两端没有空白。

（2）数字

① 整数：在会话中依次输入下述代码，结果如图 8–11 所示。

```
# 数值型数据
>>> print(18)
>>> print(3+2)
>>> a=2
>>> a
>>> print(a)
```

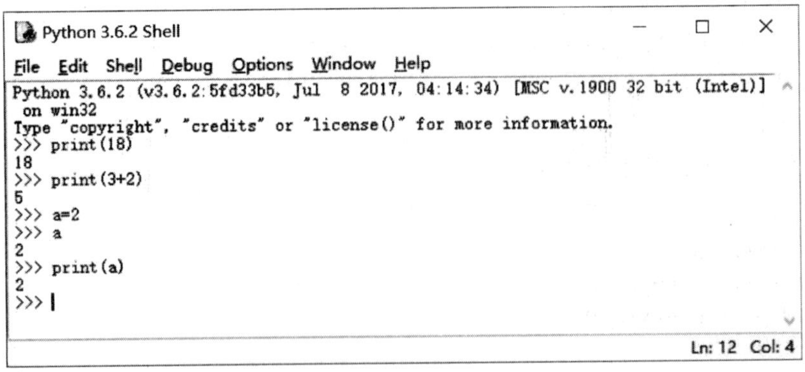
Python 3.6.2 Shell
File Edit Shell Debug Options Window Help
Python 3.6.2 (v3.6.2:5fd33b5, Jul 8 2017, 04:14:34) [MSC v.1900 32 bit (Intel)] on win32
Type "copyright", "credits" or "license()" for more information.
>>> print(18)
18
>>> print(3+2)
5
>>> a=2
>>> a
2
>>> print(a)
2
>>>
Ln: 12 Col: 4

图 8–11　整数

② 浮点数：Python 将带小数点的数字都称为浮点数。和所有语言一样，由于计算机内部表示数据的方式的限制，很难精确的表示浮点数，而会产生多余位数，通常我们忽略之。在会话中依次输入下述代码，结果如图 8-12 所示。

```
#浮点型数据
>>>0.1
>>>0.2
>>>0.1+0.2
```

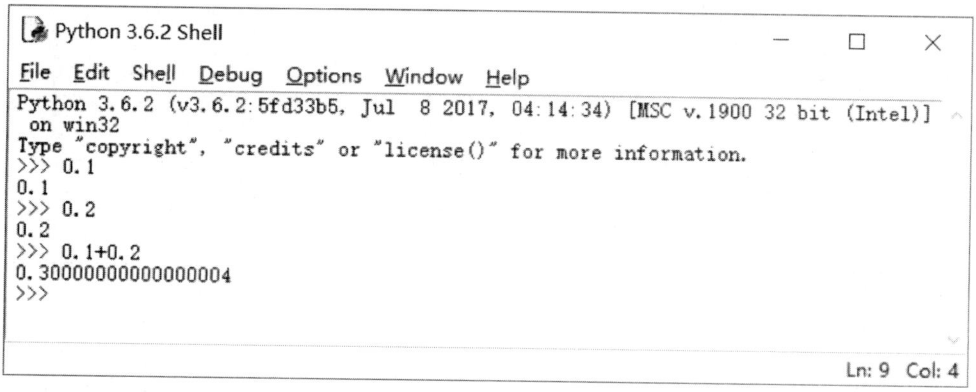
Python 3.6.2 Shell
File Edit Shell Debug Options Window Help
Python 3.6.2 (v3.6.2:5fd33b5, Jul 8 2017, 04:14:34) [MSC v.1900 32 bit (Intel)] on win32
Type "copyright", "credits" or "license()" for more information.
>>> 0.1
0.1
>>> 0.2
0.2
>>> 0.1+0.2
0.30000000000000004
>>>
Ln: 9 Col: 4

图 8-12　浮点数

（3）列表

列表用中括号 [ ] 括起来，是由一系列按特定顺序排列的元素组成，可以创建包含字母表、数字或所有家庭成员姓名的列表，可以将任何东西加入列表，其元素之间可以没有任何关系。由于列表通常包括多个元素，因此列表名一般用复数。

在会话中依次输入下述代码，并同步查看结果。

```
#列表的基本概念
>>>students=['Alice','Bob','Candy','David']
>>> print(students)
>>> print(students[0])
>>> print(students[0].upper( ))
>>> students[0]= 'Elle'
>>> print(students[0])
>>> print(students[4])
>>> print(students[-1])
>>> print("I like"+students[2]+"!\n")
```

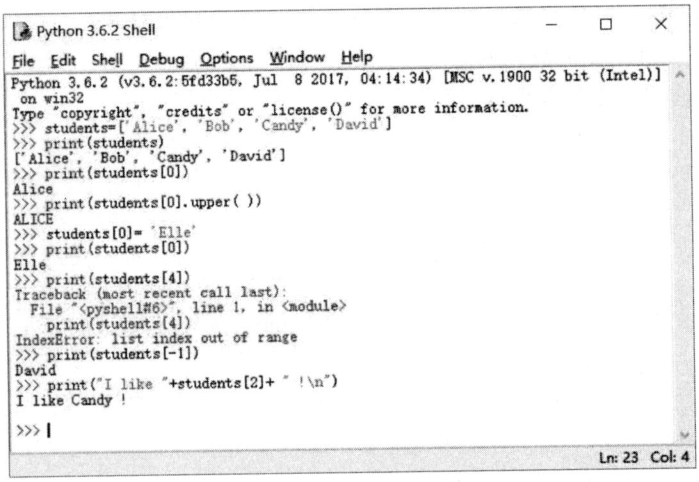
Python 3.6.2 Shell
File Edit Shell Debug Options Window Help
Python 3.6.2 (v3.6.2:5fd33b5, Jul 8 2017, 04:14:34) [MSC v.1900 32 bit (Intel)] on win32
Type "copyright", "credits" or "license()" for more information.
>>> students=['Alice', 'Bob', 'Candy', 'David']
>>> print(students)
['Alice', 'Bob', 'Candy', 'David']
>>> print(students[0])
Alice
>>> print(students[0].upper( ))
ALICE
>>> students[0]= 'Elle'
>>> print(students[0])
Elle
>>> print(students[4])
Traceback (most recent call last):
File "<pyshell#6>", line 1, in <module>
print(students[4])
IndexError: list index out of range
>>> print(students[-1])
David
>>> print("I like "+students[2]+ " !\n")
I like Candy !
>>>
Ln: 23 Col: 4

图 8–13　列表的基本概念

```
# 列表的常用操作
>>> students.append('Sunny')
>>> print(students)
>>> students.insert(2,'Tom')
>>> print(students)
>>> del students[1]
>>> myfriend=students.pop( )
>>> print(myfriend)
>>> print(students)
>>> students.remove('Bob')
>>> print(students)
>>> len=len(students)
>>> print(len)
>>> print(students)
```

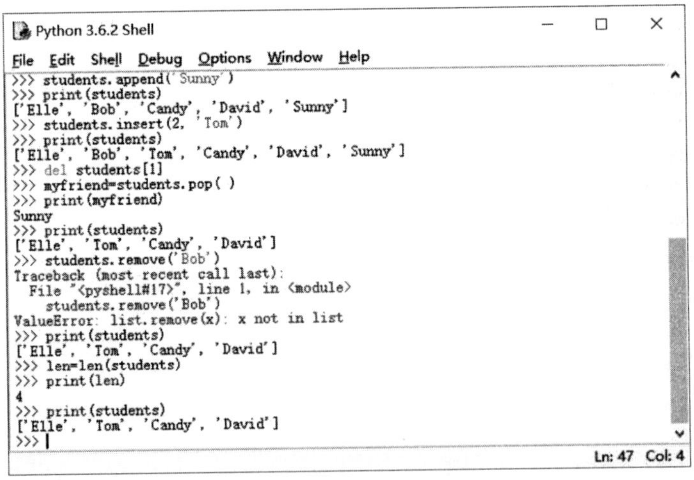
Python 3.6.2 Shell
File Edit Shell Debug Options Window Help
>>> students.append('Sunny')
>>> print(students)
['Elle', 'Bob', 'Candy', 'David', 'Sunny']
>>> students.insert(2, 'Tom')
>>> print(students)
['Elle', 'Bob', 'Tom', 'Candy', 'David', 'Sunny']
>>> del students[1]
>>> myfriend=students.pop( )
>>> print(myfriend)
Sunny
>>> print(students)
['Elle', 'Tom', 'Candy', 'David']
>>> students.remove('Bob')
Traceback (most recent call last):
File "<pyshell#17>", line 1, in <module>
students.remove('Bob')
ValueError: list.remove(x): x not in list
>>> print(students)
['Elle', 'Tom', 'Candy', 'David']
>>> len=len(students)
>>> print(len)
4
>>> print(students)
['Elle', 'Tom', 'Candy', 'David']
>>>
Ln: 47 Col: 4

图 8–14　列表的常用操作

```
#列表的切片
>>> print(students[0:2])
>>> print(students[:2])
>>> print(students[1:])
```

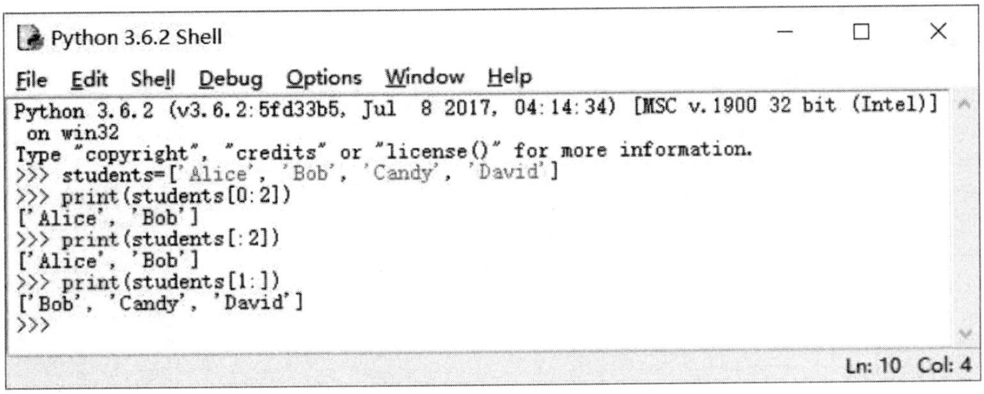
Python 3.6.2 Shell
File Edit Shell Debug Options Window Help
Python 3.6.2 (v3.6.2:5fd33b5, Jul 8 2017, 04:14:34) [MSC v.1900 32 bit (Intel)] on win32
Type "copyright", "credits" or "license()" for more information.
>>> students=['Alice', 'Bob', 'Candy', 'David']
>>> print(students[0:2])
['Alice', 'Bob']
>>> print(students[:2])
['Alice', 'Bob']
>>> print(students[1:])
['Bob', 'Candy', 'David']
>>>
Ln: 10 Col: 4

图 8–15　列表的切片

注意：

① Python 的列表下标索引是从 0 开始的，不允许越界查找，所以索引超过长度时系统会提示错误。但 Python 为查找最后一个列表元素提供了一种特殊的语法，通过索引 –1 进行查找，并且仅当列表为空时，才会报错，这样就不需要知道列表长度。

② “del” 可以准确地通过索引定位来删除列表中元素，“remove” 可以通过内容匹配来删除列表中第一个与指定内容相同的元素。

③ 列表的切片操作可以通过下标的索引获得列表元素的片段。

（4）元组

列表适合存储程序运行期间可能变化的数据，即其元素是可以修改的。当需要定义一系列不可修改的元素时，需要使用元组，用小括号（ ）括起来。Python 将不能修改的值称为不可变的，将不可变的列表称为元组。

在会话中依次输入下述代码，并同步查看结果，如图 8–16 所示。

```
#元组的基本概念
>>> dimensions=(100,30)
>>> print(dimensions)
>>> dimensions[0]=100
#我们不可以修改元组的元素，但是可以给整个元组对象重新定义
>>> dimensions=(200,20)
>>> print(dimensions)
```

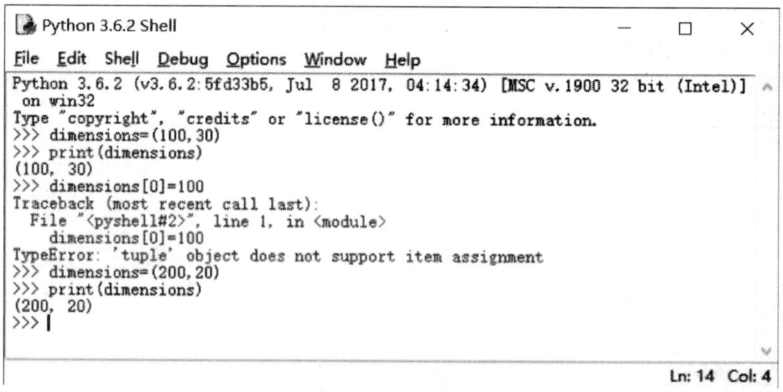

```
Python 3.6.2 (v3.6.2:5fd33b5, Jul  8 2017, 04:14:34) [MSC v.1900 32 bit (Intel)]
 on win32
Type "copyright", "credits" or "license()" for more information.
>>> dimensions=(100,30)
>>> print(dimensions)
(100, 30)
>>> dimensions[0]=100
Traceback (most recent call last):
  File "<pyshell#2>", line 1, in <module>
    dimensions[0]=100
TypeError: 'tuple' object does not support item assignment
>>> dimensions=(200,20)
>>> print(dimensions)
(200, 20)
>>> |
```

图 8–16　元组的基本概念

（5）字典

字典用花括号 { } 括起来，是一系列的“键 – 值”对，每个键都与一个值关联，可以通过键来访问相关联的值，值可以是数字、字符串、列表甚至字典。

在会话中依次输入下述代码，并同步查看结果，如图 8–17 所示。

```
# 字典的基本概念
>>> alien={'ID': 'S03', 'age':18}
>>> print(alien)
>>> print(alien['ID'])
>>> mypoint=alien['age']
>>> print(mypoint)
```

```
# 修改字典键值对
>>> alien['age']=5
>>> print(alien)
```

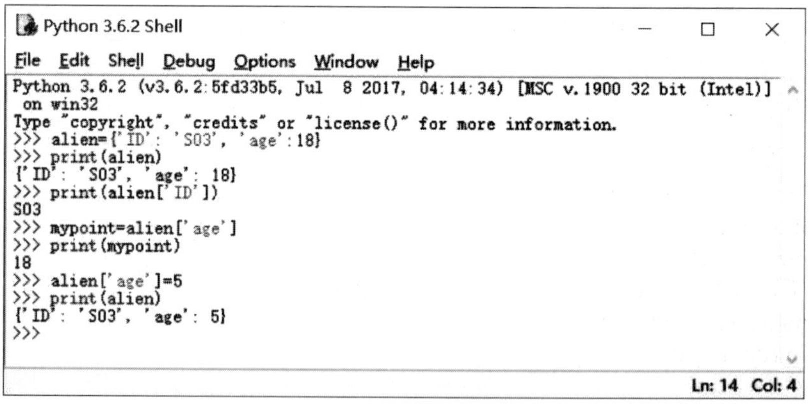

```
Python 3.6.2 (v3.6.2:5fd33b5, Jul  8 2017, 04:14:34) [MSC v.1900 32 bit (Intel)]
 on win32
Type "copyright", "credits" or "license()" for more information.
>>> alien={'ID': 'S03', 'age':18}
>>> print(alien)
{'ID': 'S03', 'age': 18}
>>> print(alien['ID'])
S03
>>> mypoint=alien['age']
>>> print(mypoint)
18
>>> alien['age']=5
>>> print(alien)
{'ID': 'S03', 'age': 5}
>>>
```

图 8–17　字典的基本概念

8. 2. 4 Python 基本运算符与表达式值

（1）字符串运算符：+

在会话中依次输入下述代码，并同步查看结果，如图 8–18 所示。

```
>>>string1="Hello"
>>>string2="world!"
>>>print(string1+string2)
>>>print(string1+"Python"+string2+'\n')
```

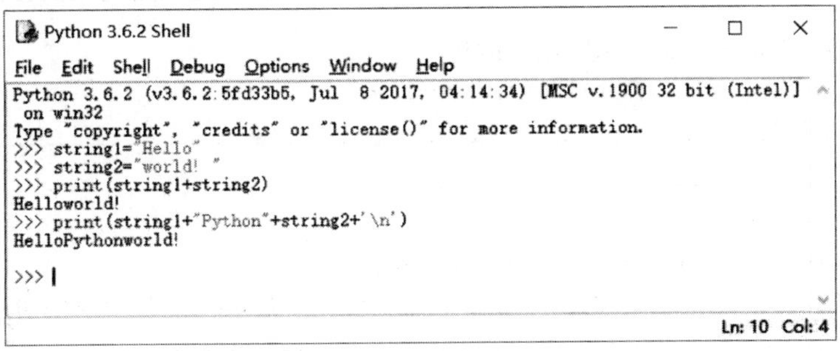
Python 3.6.2 Shell
File Edit Shell Debug Options Window Help
Python 3.6.2 (v3.6.2:5fd33b5, Jul 8 2017, 04:14:34) [MSC v.1900 32 bit (Intel)] on win32
Type "copyright", "credits" or "license()" for more information.
>>> string1="Hello"
>>> string2="world! "
>>> print(string1+string2)
Helloworld!
>>> print(string1+"Python"+string2+'\n')
HelloPythonworld!
>>>
Ln: 10 Col: 4

图 8–18 字符串运算符

2）算术运算符：+ – * / % **

在会话中依次输入下述代码，并同步查看结果，如图 8–19 所示。

```
>>> 2+3
>>> 2-3
>>> 3/2
>>> 3**2
>>> 0.1+0.2
>>> 2*0.2
>>> 0.1*0.2
>>> 7%2
>>> 13.5%5
```

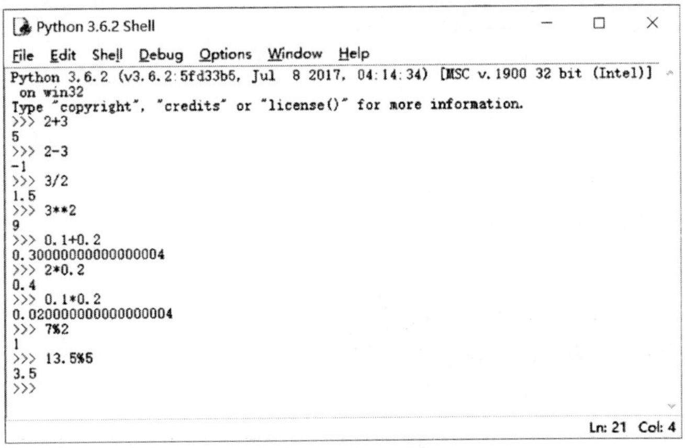
Python 3.6.2 Shell
File Edit Shell Debug Options Window Help
Python 3.6.2 (v3.6.2:5fd33b5, Jul 8 2017, 04:14:34) [MSC v.1900 32 bit (Intel)] on win32
Type "copyright", "credits" or "license()" for more information.
>>> 2+3
5
>>> 2-3
-1
>>> 3/2
1.5
>>> 3**2
9
>>> 0.1+0.2
0.30000000000000004
>>> 2*0.2
0.4
>>> 0.1*0.2
0.020000000000000004
>>> 7%2
1
>>> 13.5%5
3.5
>>>
Ln: 21 Col: 4

图 8–19 算术运算符

注意：

① 在 Python 及部分程序设计语言里，3/2 被视为整数的除操作，结果为 1。3.0/2 或者 3/2.0 的结果才是 1.5。

② 结果包含的小数位数是不确定的。所有语言都存在这种问题，Python 会尽量找到一种方式，以精确的表示结果。

③ 字符串连接运算符“+”并不适用于字符串与数值型数据共存的操作。必要时需要用函数 str( ) 将数值转换为字符串进行处理。例如，在会话中依次输入下述代码，结果如图 8–20 所示。

```
>>> age=18
>>>message="happy"+age+"rd birthday!"
>>> message="happy"+str(age)+"th birthday!"
>>> print(message)
```

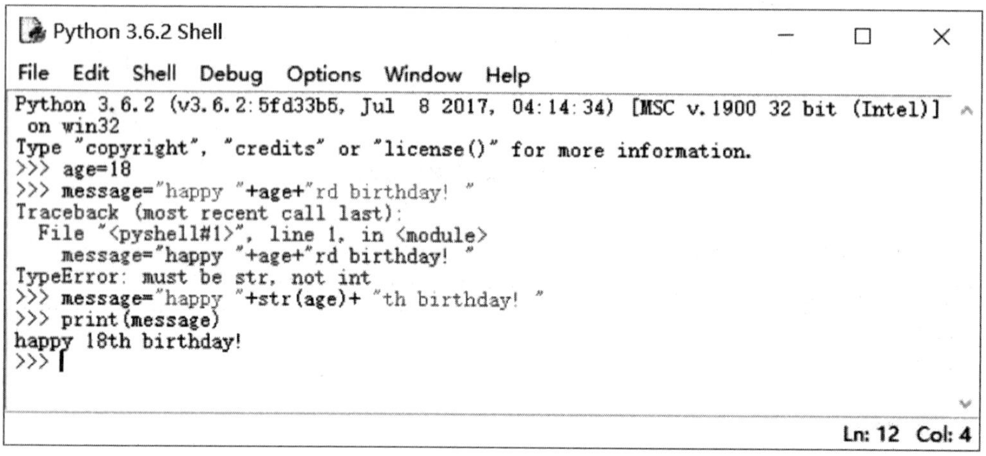
Python 3.6.2 Shell
File Edit Shell Debug Options Window Help
Python 3.6.2 (v3.6.2:5fd33b5, Jul 8 2017, 04:14:34) [MSC v.1900 32 bit (Intel)] on win32
Type "copyright", "credits" or "license()" for more information.
>>> age=18
>>> message="happy "+age+"rd birthday! "
Traceback (most recent call last):
File "<pyshell#1>", line 1, in <module>
message="happy "+age+"rd birthday! "
TypeError: must be str, not int
>>> message="happy "+str(age)+ "th birthday! "
>>> print(message)
happy 18th birthday!
>>>
Ln: 12 Col: 4

图 8–20　字符串与数值的混合运算

（3）比较运算符：>>= <<= == !=

输入以下代码，结果如图 8–21 所示。

```
# 比较运算得到的结果是 Ture 真或 False 假
>>> age=18
>>> age<=20
>>> age>20
>>> age>=18
>>> age>18
# 注意：age 等于 21 吗？
>>> age=21
>>> age
# 结果：显示不是 Flase，因为 = 是赋值运算
# 思考：如何表达：判断 age 等于 21 吗？
>>> age==21
>>> age==18
```

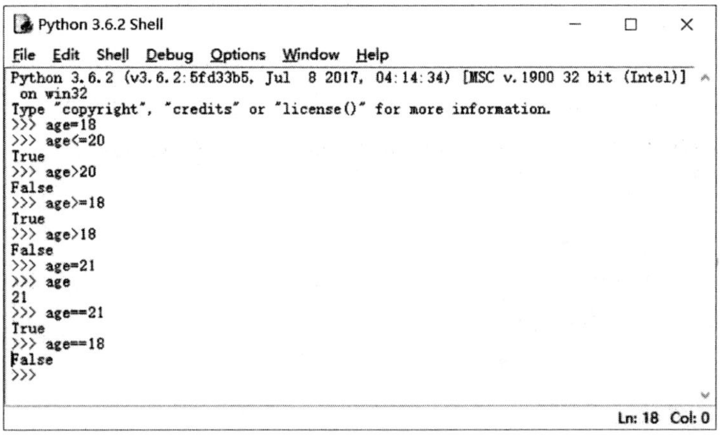
Python 3.6.2 Shell
File Edit Shell Debug Options Window Help
Python 3.6.2 (v3.6.2:5fd33b5, Jul 8 2017, 04:14:34) [MSC v.1900 32 bit (Intel)]
on win32
Type "copyright", "credits" or "license()" for more information.
>>> age=18
>>> age<=20
True
>>> age>20
False
>>> age>=18
True
>>> age>18
False
>>> age=21
>>> age
21
>>> age==21
True
>>> age==18
False
>>>
Ln: 18 Col: 0

图 8–21　比较运算符

（4）逻辑运算符：and、or

输入以下代码，结果如图 8–22 所示。

```
# 逻辑运算得到的结果也是 Ture 真或 False 假
>>> age1=18
>>> age2=20
>>> age1>15 and age2>21
>>> age1>15 or age2>21
>>> age2=23
>>> age1>15 and age2>21
```

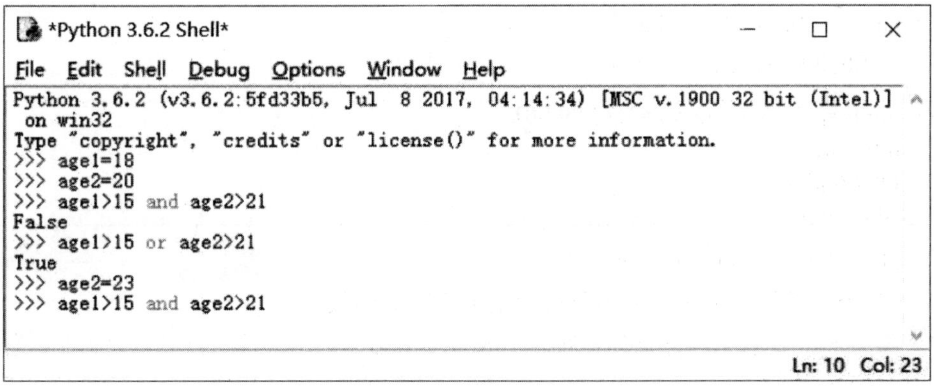
Python 3.6.2 Shell
File Edit Shell Debug Options Window Help
Python 3.6.2 (v3.6.2:5fd33b5, Jul 8 2017, 04:14:34) [MSC v.1900 32 bit (Intel)]
on win32
Type "copyright", "credits" or "license()" for more information.
>>> age1=18
>>> age2=20
>>> age1>15 and age2>21
False
>>> age1>15 or age2>21
True
>>> age2=23
>>> age1>15 and age2>21
Ln: 10 Col: 23

图 8–22　逻辑运算符

（5）列表查找运算符：in、not in

输入以下代码，结果如图 8–23 所示。

```
>>>students=['Alice', 'Bob', 'Candy', 'David']
>>>'Bob' in students
>>>'Candy' not in students
>>>'David' in students
>>>'Sunny' not in students
```

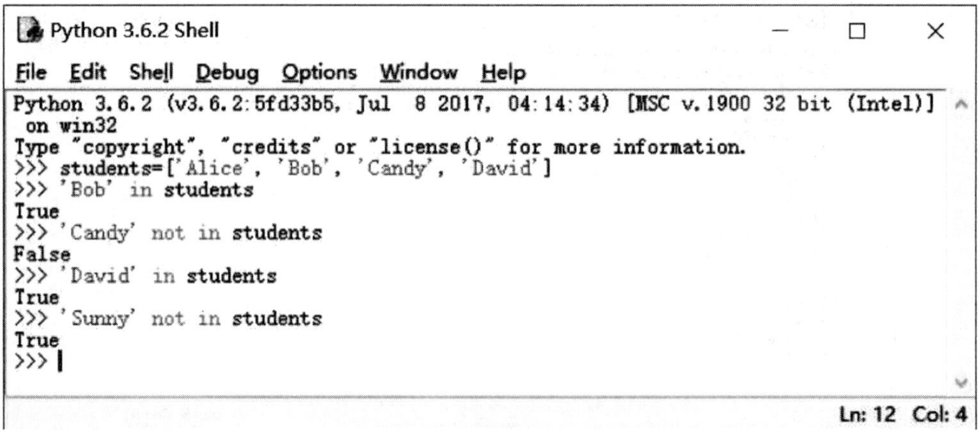
Python 3.6.2 Shell
File Edit Shell Debug Options Window Help
Python 3.6.2 (v3.6.2:5fd33b5, Jul 8 2017, 04:14:34) [MSC v.1900 32 bit (Intel)] on win32
Type "copyright", "credits" or "license()" for more information.
>>> students=['Alice', 'Bob', 'Candy', 'David']
>>> 'Bob' in students
True
>>> 'Candy' not in students
False
>>> 'David' in students
True
>>> 'Sunny' not in students
True
>>>
Ln: 12 Col: 4

图 8–23 列表查找运算符

8. 2. 5 单元实验

请完成下面的练习。建议在每个练习时，都编写一个独立的程序。保存每个程序时，使用符合标准 Python 约定、见名知意的文件名，并保存在方便查找的位置。

推荐使用 Geany 编辑器。打开文本编辑器 Geany，单击工具栏中的“新建”按钮，新建一个空白文件，选择菜单“文件” → “另存为”，输入文件名（姓名 + 学号）或者其他合适的文件名，然后选择文件的保存路径（比如“D:\Python”或选择“桌面”），按下“保存”，新文件就被保存为“张三 003.py”。

（1）将你的姓名（拼音）存到一个变量中，并以每个单词首字母大写的形式显示一条消息：“My name is Zhang Shan Shan.”

（2）在 Shell 中输入如下代码：

```
>>>digits=[12,23,34,45,56,67,78,89,90]
>>>min(digits)
>>>max(digits)
>>>sum(digits)
```

①判断并理解三个函数的功能；

② 查阅资料并写出求解列表中所有元素平均数的函数。

（3）编写 5 个表达式，分别使用加法、减法、乘法、除法、综合运算，使结果等于 6。要求均使用 print 函数完成。

（4）编写如下类型测试，每个类型至少编写一个结果分别为 True 和 False 的测试。

① 检查两个字符串相等；

② 检查两个字符串不等；

③ 检查两个数字相等、不等、大于、小于、大于等于、小于等于；

④ 包含关键字 and 和 or；

⑤ 特定的值是否包含在列表中；

⑥ 特定的值是否不包含在列表中。

（5）定义一个变量存储最喜欢的数字，再以消息的形式显示，告诉别人最喜欢的数字是多少。要求：最喜欢的数字从键盘输入，使用 input 函数完成。

（6）将所在班级的同学姓名存储在一个列表中，并命名为 student_names。

① 依次访问列表中的每一个元素，并打印显示；

② 指定一个你最好的朋友，查找她 / 他的姓名是否在你所在班级学生姓名列表里，并打印显示结果；

③ 班级新转入一名同学“李军”，将他的名字添加进学生姓名列表内；

④ 对班级姓名列表进行永久性排序（方法 sort( )）。

8. 3　Python 基本控制语句

8. 3. 1　分支结构

（1）简单 if 语句

最简单的分支结构是由条件语句和执行块构成，条件是一个值可能为 True 或 False 的表达式。条件为 True 时就执行 if 分支代码块，否则不执行（图 8–24）。

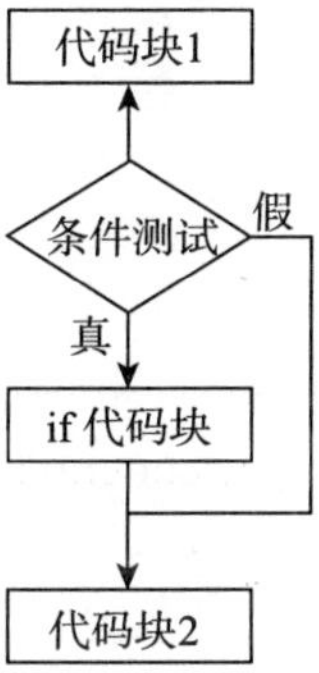

图 8–24　简单 if 语句

简单 if 语句的一般形式为：

if *conditional_test:*

do something

例如，如果一个人的考试成绩大于等于 60 分，即表示他及格了。有一个表示学生成绩的变量，我们希望知道这个学生是否及格，可以打开 Geany，创建文件“if.py”，输入如下语句：

```
score=88
if score>=60:
   print("congratulation!")
```

注意，print 函数前面需要有一定的空格表示缩进。

(2) if-else 语句

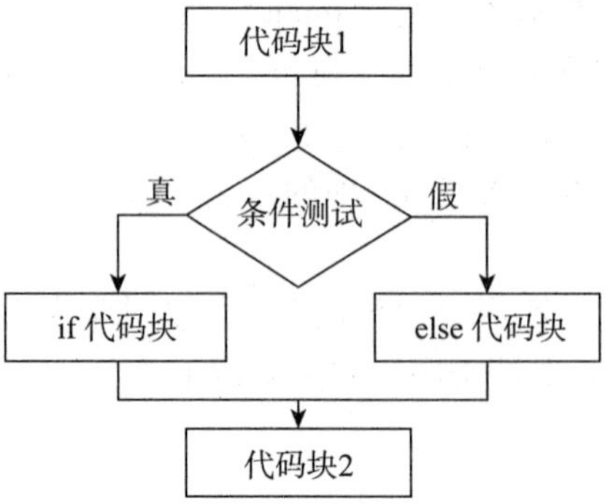
代码块1
条件测试
真
假
if 代码块
else 代码块
代码块2

图 8-25 分支语句流程图

如果要求满足测试条件的时候执行一个操作，不满足的时候执行另一个操作，就需要使用 if-else 语句，它分为三个部分：条件，同样是值可能为 True 或 False 的表达式；如果条件为 True 就执行 if 分支代码块；否则执行 else 分支代码块。代码块由一条或者多条缩进一致的语句构成。条件语句执行完后，继续执行代码块 2。

打开 Geany，创建文件“ifelse.py”，输入如下语句：

```
score=input("Please input the score of Alice:")
score=int(score)
if score>=60:
        print("congratulation!")
else:
        print("sorry!")
print('END')
```

结果是如果输入的 score 大于 60，输出 congratulation 表示及格，否则输出 sorry 表示不及格。输入 88，结果如图 8-26 所示。

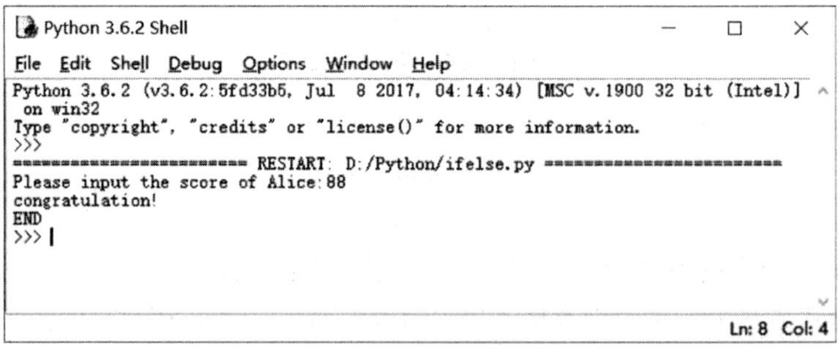
Python 3.6.2 Shell
File Edit Shell Debug Options Window Help
Python 3.6.2 (v3.6.2:5fd33b5, Jul 8 2017, 04:14:34) [MSC v.1900 32 bit (Intel)] on win32
Type "copyright", "credits" or "license()" for more information.
>>>
======================= RESTART: D:/Python/ifelse.py =======================
Please input the score of Alice:88
congratulation!
END
>>>
Ln: 8 Col: 4

图 8-26 分支结构运行结果

注意，input 接受的是字符串，当需要把对象作为数值进行处理时，使用 int( ) 函数。

(3) 缩进

图 8-26 的结果展示了 Python 语言的一个很重要的元素：缩进。缩进是如 print 语句之前添加的空格，其相对于 if 和 else 语句向右移动了几个字符。

当 Geany 识别语句是 Python 程序语言的时候，输入冒号“：”并回车，编辑器会自动加上缩进。逻辑行开头的前导空白（空白或者制表符）用于确定逻辑行的缩进级别及语句的分组，这意味着同一层次的语句必须有相同的缩进。每一组语句称为一个代码块。也就是说，开始缩进表示块的开始，取消缩进表示块的结束，其间代表一个完整的分支。

修改代码，使最后一条 print('Sorry') 语句和 print('END') 语句具有同样的缩进，运行程序，输入 88，结果如图 8–27 所示。

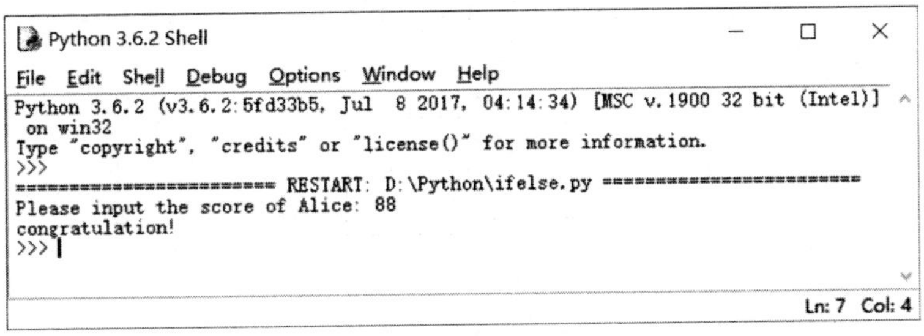
Python 3.6.2 Shell
File Edit Shell Debug Options Window Help
Python 3.6.2 (v3.6.2:5fd33b5, Jul 8 2017, 04:14:34) [MSC v.1900 32 bit (Intel)] on win32
Type "copyright", "credits" or "license()" for more information.
>>>
======================== RESTART: D:\Python\ifelse.py ========================
Please input the score of Alice: 88
congratulation!
>>>
Ln: 7 Col: 4

图 8–27　缩进运行结果

（4）if–elif–else 结构

if 语句可以嵌套，也就是可以包含多个条件，从而构成两个以上的多分支结构。条件语句的嵌套通过 elif 实现。打开 Geany，创建文件“ifelif.py”，输入如下语句：

```
score=input("Please input the score of Alice:")
score=int(score)
if score>=80:
        print("A!")
elif score>=70:
        print("B!")
elif score>=60:
        print("C!")
else:
        print("D!")
```

运行程序，分别输入 88，77，66，55，结果如图 8–28 所示。

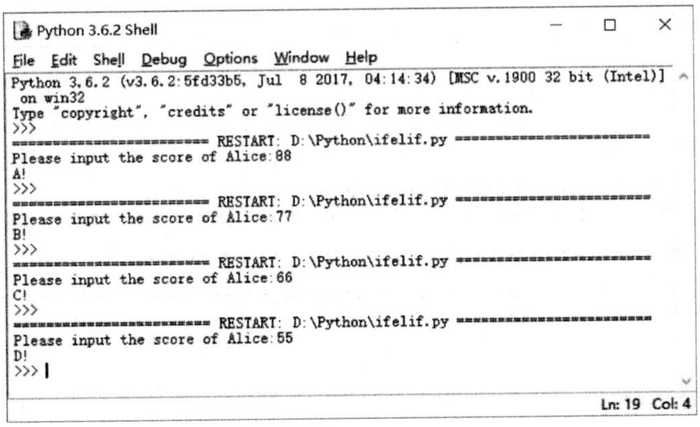
Python 3.6.2 Shell
File Edit Shell Debug Options Window Help
Python 3.6.2 (v3.6.2:5fd33b5, Jul 8 2017, 04:14:34) [MSC v.1900 32 bit (Intel)] on win32
Type "copyright", "credits" or "license()" for more information.
>>>
======================== RESTART: D:\Python\ifelif.py ========================
Please input the score of Alice:88
A!
>>>
======================== RESTART: D:\Python\ifelif.py ========================
Please input the score of Alice:77
B!
>>>
======================== RESTART: D:\Python\ifelif.py ========================
Please input the score of Alice:66
C!
>>>
======================== RESTART: D:\Python\ifelif.py ========================
Please input the score of Alice:55
D!
>>>
Ln: 19 Col: 4

图 8–28　多分支程序运行结果

8. 3. 2　循环结构

（1）while 循环语句

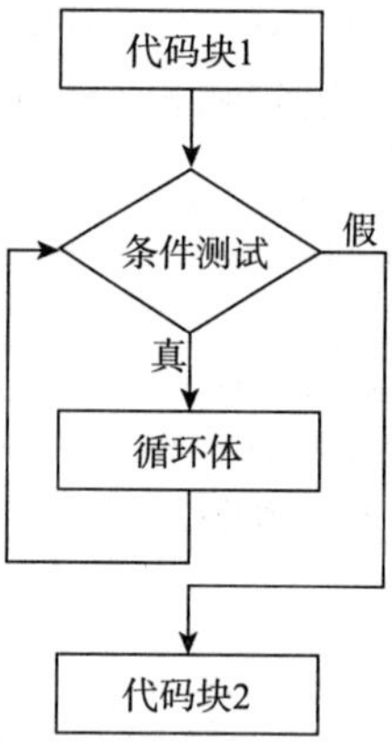
代码块1
条件测试
假
真
循环体
代码块2

图 8–29　循环结构流程图

while 语句是一种常见的循环语句，其一般形式为：

while *conditional_test:*

do something

和 if 语句语法一样，conditional_test 后有一个冒号，循环体执行的 do something 要使用缩进。while 的功能为：当条件成立时，执行循环体，直到条件不再成立时跳出循环，转去执行后面的其他语句。

和 if 语句不同的是，do something 中一定要有可以改变 conditional_test 结果的语句，否则，要么不执行循环体，要么进入死循环。

用 while 循环实现 1+2+…+100 累加求和，代码如下：

```
count = 1
sum= 0
while count <=100:
   sum = sum +count
   count = count+1
print("1+2+...+100 =",sum)
```

运行结果如图 8–30 所示。

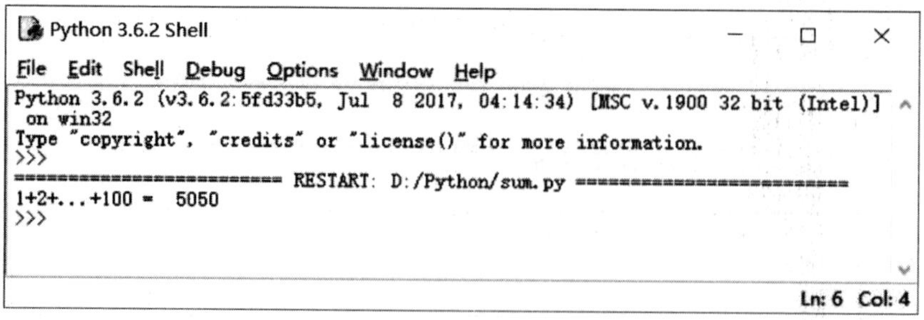
Python 3.6.2 Shell
File Edit Shell Debug Options Window Help
Python 3.6.2 (v3.6.2:5fd33b5, Jul 8 2017, 04:14:34) [MSC v.1900 32 bit (Intel)] on win32
Type "copyright", "credits" or "license()" for more information.
>>>
======================== RESTART: D:/Python/sum.py ========================
1+2+...+100 = 5050
>>>
Ln: 6 Col: 4

图 8–30　累加求和运行结果

（2）for 循环

Python 语言的 for 语句也用于实现循环结构。它可作遍历型循环，即逐一引用指定序列中的元素，引用一个元素便执行一次循环体，遍历了序列中的所有元素之后终止循环。for 语句的一般形式为：

for *variable* in *range*:

do something

产生 for 语句序列类型对象的一种最常用方法是用内置函数 range( )，该函数返回一个从其“第一个参数”开始到“最后一个参数 -1”的整数序列（如果第一个参数被省略，则默认为 0），例如，range(0,3)=range(3)=(0,1,2)。输入如下代码，结果如图 8-31 所示。

```
x = 4
for i in range(0, x):
        print(i)
```

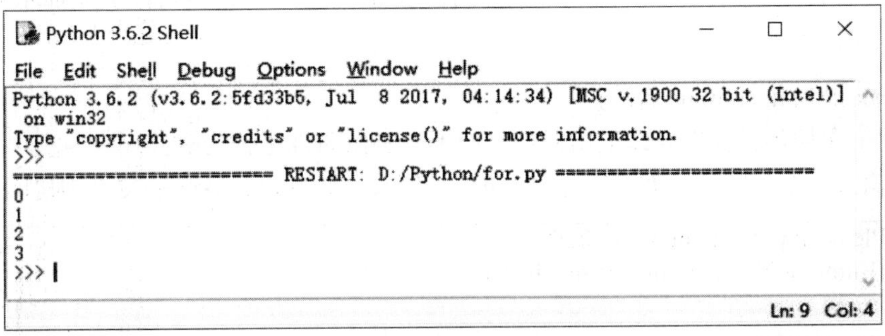
Python 3.6.2 Shell
File Edit Shell Debug Options Window Help
Python 3.6.2 (v3.6.2:5fd33b5, Jul 8 2017, 04:14:34) [MSC v.1900 32 bit (Intel)] on win32
Type "copyright", "credits" or "license()" for more information.
>>>
======================== RESTART: D:/Python/for.py ========================
0
1
2
3
>>>
Ln: 9 Col: 4

图 8-31 for 循环运行结果

使用 for 语句实现 1+2+…+100 的累加求和（注意 range 中的参数），代码如下：

```
sum = 0
for count in range(1,101):
    sum = sum +count
    count += 1
print("sum=",sum)
```

for 语句的标准语法是：

for *variable* in *range(N1,N2,N3)*:

do something

其中，N1 表示起始值，N2 表示终止值，N3 表示步长。循环变量依次取从 N1 开始，间隔 N3，直到 N2-1 终止的数值，并执行循环体。

求 1 ~ 100 所有偶数的和，代码如下：

```
sum = 0
for count in range(1,101,1):
        if count%2==0:
                sum = sum +count
print("sum=",sum)
```

更好的代码如下：

```
sum = 0
for count in range(2,101,2):
    sum = sum +count
print("sum=",sum)
```

（3）死循环

我们经常会遇到这样的代码：

```
x=1
while(x<=5):
    print(x)
    #x=x+1
```

当忘记输入代码 x=x+1 的时候，循环就因为循环变量 x 的值一直没有改变而一直执行循环体，形成无限循环。

每个程序员都会遇到无限循环的状态，可按“Ctrl+C”终止；也可以关闭显示程序输出的终端窗口，停止程序的执行。

（4）break 语句和 continue 语句

break 用于在循环过程中立即退出循环，而不管测试条件是否为真。

例如，输入一个字符串，如果不是“quit”，打印显示“I like 字符串”，否则退出程序。

```
x = "\nPlease input a name you like:"
x += " (Enter 'quit' when you are finished.)"
while True:
    name=input(x)
    if name=='quit':
        break
    else:
        print("I like ",name,"!\n")
```

运行结果如图 8–32 所示。可见，break 在循环次数不确定的情况下，可以起到非常重要的作用。

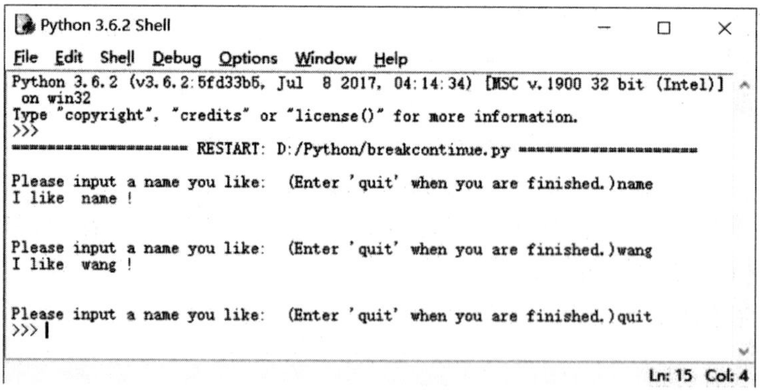
Python 3.6.2 Shell
File Edit Shell Debug Options Window Help
Python 3.6.2 (v3.6.2:5fd33b5, Jul 8 2017, 04:14:34) [MSC v.1900 32 bit (Intel)] on win32
Type "copyright", "credits" or "license()" for more information.
>>>
RESTART: D:/Python/breakcontinue.py
Please input a name you like: (Enter 'quit' when you are finished.)name
I like name !
Please input a name you like: (Enter 'quit' when you are finished.)wang
I like wang !
Please input a name you like: (Enter 'quit' when you are finished.)quit
>>>
Ln: 15 Col: 4

图 8–32　break 语句运行结果

再例如，输入一个数字，如果这个数字不是 0，打印显示“I like the number 数字”；如果这个数字为 0，则不做任何操作；如果这个数字小于 0，则退出程序。

```
x = "\nPlease input a number you like:"
x += "\n(Enter a negative when you are finished.)"
while True:
    num=input(x)
    num=int(num)
    if num<0:
        break
    elif num==0:
        continue
    else:
        print("I like the number:",num,"!\n")
```

运行结果如图 8–33 所示。可见，continue 和 break 最大的区别在于，continue 语句是结束本次循环，重新回到条件判断，进行下一次循环；而 break 是结束本次循环并完全退出循环，执行循环体后的其他语句。

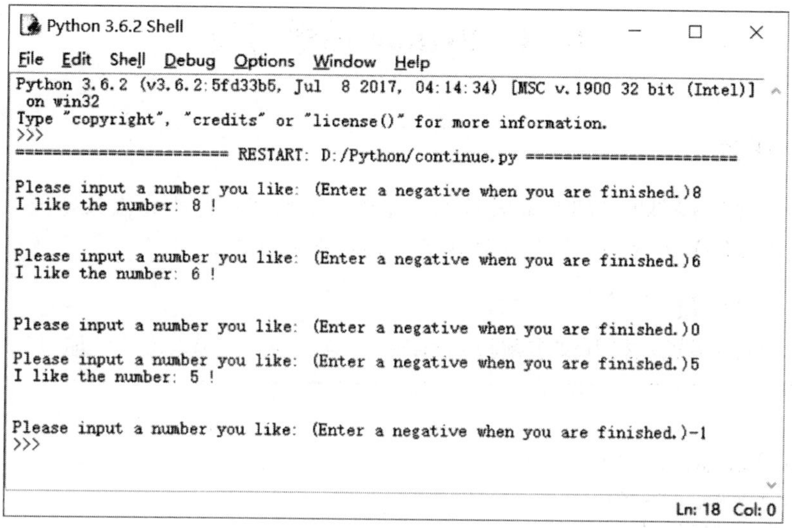
Python 3.6.2 Shell
File Edit Shell Debug Options Window Help
Python 3.6.2 (v3.6.2:5fd33b5, Jul 8 2017, 04:14:34) [MSC v.1900 32 bit (Intel)] on win32
Type "copyright", "credits" or "license()" for more information.
>>>
======================= RESTART: D:/Python/continue.py =======================
Please input a number you like: (Enter a negative when you are finished.)8
I like the number: 8 !
Please input a number you like: (Enter a negative when you are finished.)6
I like the number: 6 !
Please input a number you like: (Enter a negative when you are finished.)0
Please input a number you like: (Enter a negative when you are finished.)5
I like the number: 5 !
Please input a number you like: (Enter a negative when you are finished.)-1
>>>
Ln: 18 Col: 0

图 8–33　continue 语句运行结果

8. 3. 3　单元实验

（1）通过 input() 函数输入任意三条边长，编程判断三条边长能否构成三角形，并确定是什么类型的三角形（等边、等腰、一般）。

（2）编写函数，通过 input() 函数输入一个三位数，打印显示它是否是水仙花数（水仙花数：每个位数上的数值的 3 次幂之和等于这个数本身）。

（3）编写函数，通过 input() 函数输入一个值给 age，通过 if-elif-else 结构实现如下判断：

如果一个人年龄小于 2 岁，打印显示：他是婴儿；

如果一个人年龄为 2（含）~4 岁，打印显示：他是幼儿；

如果一个人年龄为 4（含）~13 岁，打印显示：他是儿童；

如果一个人年龄为 13（含）~20 岁，打印显示：他是青少年；

如果一个人年龄为 20（含）~60 岁，打印显示：他是成年人；

如果一个人年龄超过 60（含），打印显示：他是老年人。

（4）找出 7 的倍数中十位数为 2 的所有 3 位数。

（5）编写程序，找出所有的四叶玫瑰数（四叶玫瑰数：四位数的每个位数上数值的 4 次幂之和等于这个数本身）。

（6）列表 digits=[2,4,5,7,3,1,9,8,6]，当显示序数的时候，结果以 th 结尾（1、2、3 分别以 st、nd、rd 结尾）。编写程序，遍历列表 digits，并以行的形式显示当前数值的序数表示。

（7）编写程序，输出公元 1000 年至公元 2000 年间的所有闰年（闰年：能够被 4 整除但不能被 100 整除，或者能被 400 整除的年份）。

（8）编写程序，判断一个从键盘输入的数是否是素数。

（9）有宠物列表 pets=['dog','Alice','cat','goldfish','Alice','dog','rabbit','Alice','Alice']，编写程序，删除所有的 Alice（移除列表中特定值的函数 remove( )）。

8. 4　Python 函数与类

8. 4. 1　函数

函数是带名字的代码块，用于完成具体的工作。需要在程序中多次执行同一项任务时，无需反复编写完成该任务的代码，而只需调用完成该任务的函数。

（1）定义一个函数

实现 1 ~ 100 的累加。打开文本编辑器 Geany，新建文件“sum.py”，输入如下代码：

```
def sum():
    total = 0
    for count in range(1, 101):
        total = total + count
        count = count + 1
    print("sum=",total)
sum()
```

第一行代码使用关键字 def 告诉 Python 要定义一个名字为 sum() 的函数，注意括号和冒号必不可少。紧跟在 def sum(): 后面的所有缩进行构成了函数体，实现了从 1 到 100 的累加求和。最后一行代码是调用 sum() 函数。所以当按下“F5”时，函数 sum() 被执行，并打印出函数的执行结果“sum=5050”。

（2）向函数传递信息

修改上述代码使之变得更通用，能够实现从某个数 start 到另外一个数 end 的累加求和。

引入两个变量 start 和 end 来代替上面代码中的起始值 1 和终止值 101，并把这两个变量添加到函数定义 def sum() 的括号内，称为参数。调用函数 sum(101,201)。

```
def sum(start,end):
    total = 0
    for count in range(start, end+1):
        total = total + count
        count += 1
    print("sum=", total)
sum(101,200)
```

按下“F5”，打印出函数的执行结果“sum=15050”。

在函数 sum() 的定义中，变量 start 和 end 是形参——函数完成其工作所需的信息。在代码 sum(101,200) 中，值 101 和 200 是实参——调用函数时传递给函数的信息。在 sum(101,200) 中，将实参 101 和 200 传递给了形参 start 和 end，即值被存储在形参中。

（3）使用返回值

函数可以返回一个或一组值。可使用 return 语句将值返回到调用函数的代码行。返回值能够将程序中的大部分繁重工作移到函数中去完成，从而简化主程序。

使用如下代码将上面累加的结果返回到主程序。

```
def sum(start, end):
    total = 0
    for count in range(start, end+1):
        total = total + count
        count += 1
    return total

s = sum(101, 200)
print("101+…+200=", s)
```

使用不同的实参多次调用该函数，计算 101 ~ 200 累加和与 1 ~ 100 的累加和的差。

```
def sum(start, end):
    total = 0
    for count in range(start, end+1):
      total = total + count
      count += 1
    return total

diff = sum(101, 200) - sum(1, 100)
print("diff=", diff)
```

按下“F5”，打印出函数的执行结果“diff=10000”。

8. 4. 2　类与对象

（1）面向对象编程

面向对象编程是最有效的软件编写方法之一。在面向对象编程中，可以编写表示现实世界中的事物和情景的类，并基于这些类来创建对象。根据类来创建对象被称为实例化。编写类时，可以定义一类对象都有的通用行为。基于类创建对象时，每个对象都会自动具有这些通用行为，然后根据需要赋予每个对象独特的个性。

（2）创建一个类

编写一个表示小狗的简单类 Dog——它表示的不是特定的小狗，而是任何小狗。Dog 类包含两项信息：姓名和年龄，被称为类的属性；两种行为：蹲下和吃饭，被称为类的方法。

打开文本编辑器 Geany，保存一个新文件 class.py，输入如下代码：

```
#coding=gbk
class Dog():
    def __init__(self, name, age):
        """ 初始化属性 name 和 age"""
        self.name = name
        self.age = age

    def sit(self):
        """ 模拟小狗被命令时蹲下 """
        print(self.name.title() + “is now sitting.”)

    def eat(self):
        """ 模拟小狗被命令时吃饭 """
        print(self.name.title() + "is now eatting.")
```

上面代码中，我们定义了一个名为 Dog 的类，类中的函数称为方法。__init__() 是一个特殊的方法，当根据 Dog 类创建新实例时，Python 都会自动运行它。这个方法的名称的开头和末尾各有一个下划线，这是一种约定，旨在避免 Python 默认方法与普通方法发生名称冲突。方法 __init__() 定义中包含三个形参，其中 self 必不可少，并且必须位于其他形参的前面。Dog 类还定义了两个方法，由于这些方法不需要额外的信息，因此它们只有一个形参 self。当前 sit() 和 eat() 所做的有限，它们只是打印一条语句指出小狗是正在蹲下或是正在吃饭。

（3）根据类创建实例

使用 Dog 类来创建一只 3 岁的小狗 lucky 的实例：

```
my_dog = Dog('lucky', 3)
print("My dog' s name is" + my_dog.name.title())

my_dog.sit()
my_dog.eat()
```

按下“F5”，结果如图 8–34 所示。

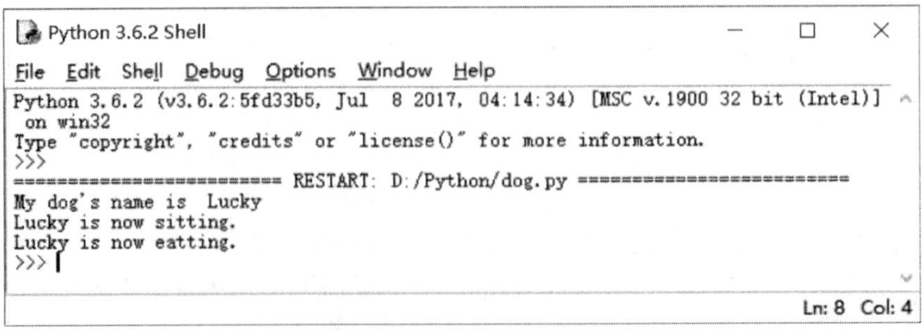
Python 3.6.2 Shell
File Edit Shell Debug Options Window Help
Python 3.6.2 (v3.6.2:5fd33b5, Jul 8 2017, 04:14:34) [MSC v.1900 32 bit (Intel)] on win32
Type "copyright", "credits" or "license()" for more information.
>>>
======================== RESTART: D:/Python/dog.py ========================
My dog's name is Lucky
Lucky is now sitting.
Lucky is now eatting.
>>>
Ln: 8 Col: 4

图 8–34　3 岁小狗 lucky 的实例

可将类视为有关如何创建实例的说明。Dog 类是一系列说明，让 Python 知道如何创建表示特定小狗的实例。在上面的代码中，我们用 my_dog = Dog('lucky', 3) 创建了一条名为 lucky 的 3 岁小狗。根据 Dog 类创建实例后，要指定实例的名称和要调用的方法，并用句点分隔它们。

8. 4. 3　继承

（1）继承的概念

如果一个类是另一个类的特殊版本，可使用继承。一个类继承另一个类时，原有的类称为父类，而新类称为子类，子类继承父类的所有属性和方法，同时可以定义自己的属性和方法。

比如，在定义狗的类 Dog 的基础上想进一步定义一个萨摩耶狗的类 Samoye。因为萨摩耶是狗的一种，故它拥有狗类的属性和方法，并在此基础上有自己的属性和方法。

（2）创建一个子类

在 Dog 类的基础上创建新类 Samoye，为 Samoye 增加特有的行为 smile()，然后创建一只 3 岁的萨摩耶 bobo 的实例。

```
class Samoye(Dog):
    """ 萨摩耶的独特之处 """
    def __init__(self, name, age):
        super().__init__(name, age)

    def smile(self):
        """ 模拟萨摩耶微笑 """
        print(self.name.title() + "is now smile.")

my_dog = Samoye('bobo', 3)
print("My dog' s name is" + my_dog.name.title())

my_dog.sit()
my_dog.smile()
```

萨摩耶是一类特殊的狗，因此可以在 Dog 类的基础上创建新类 Samoye，这样就只需为 Samoye 特有的属性和行为编写代码。创建子类时，父类必须包含在当前文件中，且位于子类前面。我们在定义子类 Samoye 时，必须在括号内指定父类的名称。super() 是一个特殊函数，帮助 Python 将父类和子类关联起来。super().__init__(name, age) 会调用父类的方法 __init__()，让 Samoye 实例包含父类的所有属性。给子类 Samoye 增加新的方法 smile()，用 my_dog = Samoye('bobo', 3) 创建了一只 Samoye 的实例，3 岁的 bobo，并调用了它的两个方法 sit() 和 smile()。按下“F5”，结果如图 8-35 所示。

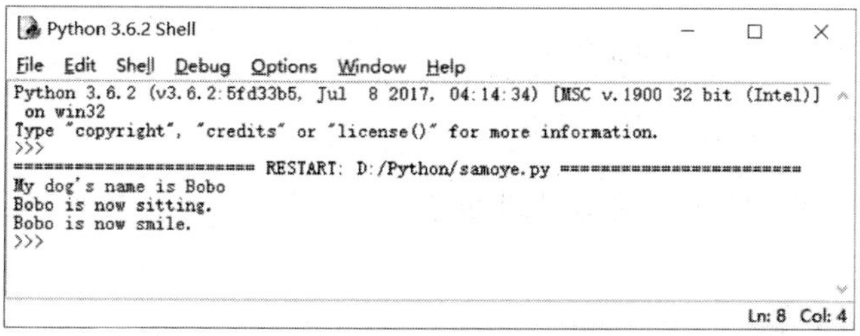
Python 3.6.2 Shell
File Edit Shell Debug Options Window Help
Python 3.6.2 (v3.6.2:5fd33b5, Jul 8 2017, 04:14:34) [MSC v.1900 32 bit (Intel)] on win32
Type "copyright", "credits" or "license()" for more information.
>>>
======================= RESTART: D:/Python/samoye.py =======================
My dog's name is Bobo
Bobo is now sitting.
Bobo is now smile.
>>>
Ln: 8 Col: 4

图 8-35　3 岁萨摩耶狗 bobo 的实例

8.4.4 单元实验

（1）编写函数代码如下，运行并查看结果。

```
def greet_users(names):
      for  name in names:
         msg= "hello," +name.title( )+ "!\n"
         print(msg)

usernames=['Alice', 'Bob', 'Candy', 'David', 'Elle']
greet_users(usernames)
```

（2）编写一个函数，用于接收学生的姓名和学号。并至少三次调用这个函数，接收 3 名学生的信息并打印显示。每名学生的信息可以显示为下面这样的字符串。

```
"Alice ， S90117"
```

（3）创建一个用户类 User，其中包含 first_name 和 last_name，以及用户简介等属性。在类 User 中定义一个名为 describe_user( ) 的方法，用于打印用户信息摘要；再定义一个名为 greet_user( ) 的方法，用于向用户发起个性化问候。创建多个不同用户实例，并对每个实例调用上述两个方法。

8.5 典型算法的 Python 实现

8.5.1 线性表结构的定义和操作

（1）线性表的定义和查找

表 8–1 列出的几种方法可作用于线性表。

表 8–1 列表对象的方法

方 法	作 用
insert(i,x)	在指定位置 *i* 插入一个元素 x
append(x)	在列表末尾添加一个元素 x
index(x)	在列表中查找值 x，然后返回第一个值为 x 的元素的下标，若没有找到时报错
remove(x)	在列表中删除第一个值为 x 的元素，若找不到时报错
sort(x)	对列表元素排序
reverse(x)	把列表元素反序
count(x)	返回元素 x 在列表中出现的次数

进入 Shell 交互界面后，输入以下语句：

```
>>> stu=['Alice', 'Bob', 'Candy', 'David', 'Elle']
>>> stu
>>> print (stu[2])
>>>stu.index('Candy')
>>>stu.index('Wang')
```

使用列表定义语句定义线性表，使用索引号引用其中的数据元素，使用 index 函数查找元素的位置，结果如图 8–36 所示。如果查找的对象不在定义的线性表中，则系统会给出错误提示。

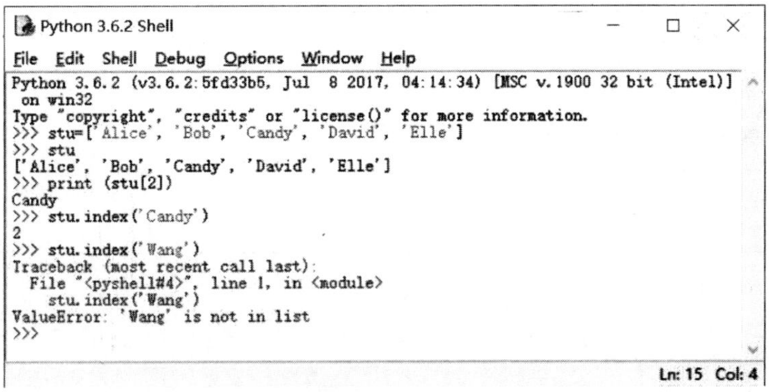
Python 3.6.2 Shell
File Edit Shell Debug Options Window Help
Python 3.6.2 (v3.6.2:5fd33b5, Jul 8 2017, 04:14:34) [MSC v.1900 32 bit (Intel)] on win32
Type "copyright", "credits" or "license()" for more information.
>>> stu=['Alice', 'Bob', 'Candy', 'David', 'Elle']
>>> stu
['Alice', 'Bob', 'Candy', 'David', 'Elle']
>>> print (stu[2])
Candy
>>> stu.index('Candy')
2
>>> stu.index('Wang')
Traceback (most recent call last):
File "<pyshell#4>", line 1, in <module>
stu.index('Wang')
ValueError: 'Wang' is not in list
>>>
Ln: 15 Col: 4

图 8–36　线性表的定义和查找

（2）线性表的添加和删除操作

进入 Shell 交互界面后，输入以下语句，对线性表进行添加和删除操作。

```
>>> stu=['Alice', 'Bob', 'Candy', 'David', 'Elle']
>>> stu
>>>stu.append('Fly')
>>> stu
>>>stu.insert(3,'Green')
>>> stu
>>>stu[0]= 'Honey'
>>> stu
>>> stu.remove('honey')
>>> stu
```

运行结果如图 8–37 所示。

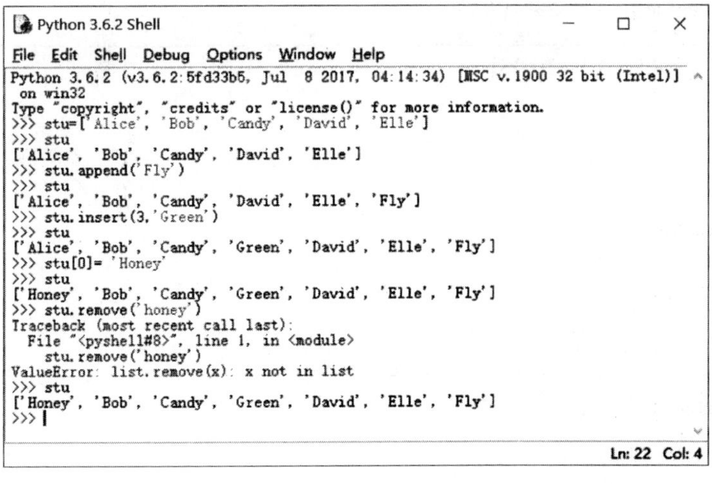
Python 3.6.2 Shell
File Edit Shell Debug Options Window Help
Python 3.6.2 (v3.6.2:5fd33b5, Jul 8 2017, 04:14:34) [MSC v.1900 32 bit (Intel)] on win32
Type "copyright", "credits" or "license()" for more information.
>>> stu=['Alice', 'Bob', 'Candy', 'David', 'Elle']
>>> stu
['Alice', 'Bob', 'Candy', 'David', 'Elle']
>>> stu.append('Fly')
>>> stu
['Alice', 'Bob', 'Candy', 'David', 'Elle', 'Fly']
>>> stu.insert(3,'Green')
>>> stu
['Alice', 'Bob', 'Candy', 'Green', 'David', 'Elle', 'Fly']
>>> stu[0]= 'Honey'
>>> stu
['Honey', 'Bob', 'Candy', 'Green', 'David', 'Elle', 'Fly']
>>> stu.remove('honey')
Traceback (most recent call last):
File "<pyshell#8>", line 1, in <module>
stu.remove('honey')
ValueError: list.remove(x): x not in list
>>> stu
['Honey', 'Bob', 'Candy', 'Green', 'David', 'Elle', 'Fly']
>>>
Ln: 22 Col: 4

图 8–37　线性表的添加和删除

（3）线性表的统计和排序操作

进入 Shell 交互界面后，输入以下语句，对线性表进行统计和排序操作。其中，sort( ) 函数可以实现永久排序。

```
>>>list=[2,1,5,8,4,5,6]
>>> len(list)
>>>list.count(5)
>>>list.reverse( )
>>>list
>>>list.sort( )
>>>list
```

运行结果如图 8–38 所示。

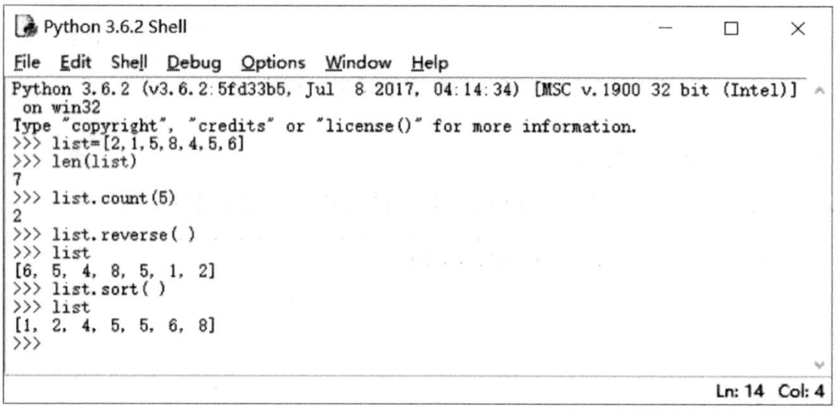
Python 3.6.2 Shell
File Edit Shell Debug Options Window Help
Python 3.6.2 (v3.6.2:5fd33b5, Jul 8 2017, 04:14:34) [MSC v.1900 32 bit (Intel)] on win32
Type "copyright", "credits" or "license()" for more information.
>>> list=[2,1,5,8,4,5,6]
>>> len(list)
7
>>> list.count(5)
2
>>> list.reverse( )
>>> list
[6, 5, 4, 8, 5, 1, 2]
>>> list.sort( )
>>> list
[1, 2, 4, 5, 5, 6, 8]
>>>
Ln: 14 Col: 4

图 8–38 线性表的统计和排序

（4）线性表的创建

线性表的创建常用 append 函数实现，有一个包含若干个整数的列表 Value，要将其分成 Even 和 Odd 两个列表，其中 Even 包含 Value 列表中的所有偶数元素，Odd 包含 Value 列表中的所有奇数元素。value.py 的参考代码如下：

```
Value=[3,6,32,23,8,9,10,11,20,33]
Even=[]
Odd=[]
for x in Value:
    if x%2==0:
        Even.append(x)
    else:
        Odd.append(x)
print(" 偶数序列：",Even)
print(" 奇数序列：",Odd)
```

运行结果如图 8–39 所示。

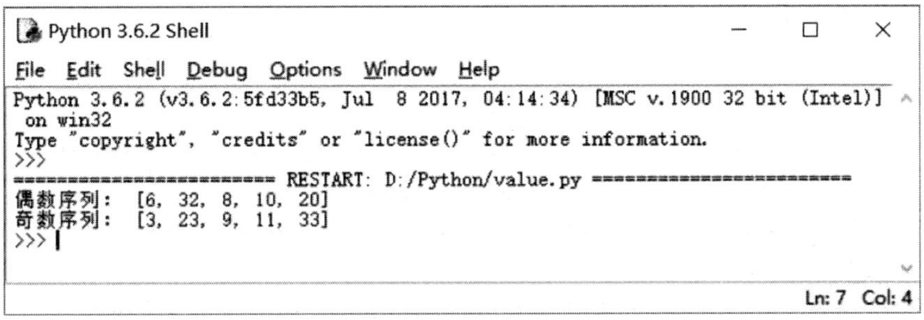
Python 3.6.2 Shell
File Edit Shell Debug Options Window Help
Python 3.6.2 (v3.6.2:5fd33b5, Jul 8 2017, 04:14:34) [MSC v.1900 32 bit (Intel)] on win32
Type "copyright", "credits" or "license()" for more information.
>>>
======================== RESTART: D:/Python/value.py ========================
偶数序列： [6, 32, 8, 10, 20]
奇数序列： [3, 23, 9, 11, 33]
>>>
Ln: 7 Col: 4

图 8–39　线性表的创建

8. 5. 2　顺序表的查找

（1）顺序查找算法

顺序查找又称为线性查找，是一种最简单的查找方法。

基本思想：从列表开头到末尾，逐个比较待搜索项与列表中的项，直到找到目标项（搜索成功）或者超出搜索范围（搜索失败）。

运行过程：从顺序表的一端开始，依次将每个元素的关键字同给定值 K 进行比较。

① 若某个元素的关键字等于 K，则表明查找成功，返回该元素下标；

② 若所有元素都比较完毕仍找不到，则表明查找失败，返回特定值，常用 –1。

顺序查找示例如图 8–40 所示。

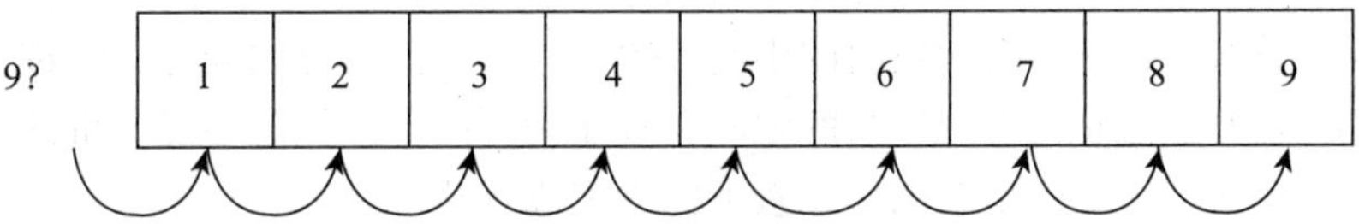
9?
1
2
3
4
5
6
7
8
9

图 8–40　顺序查找示例

find1.py 的参考代码如下：

```
def sequefind(list,x):
    k=0
    while k<=len(list)-1 and x!=list[k]:
        k=k+1
    if k>len(list)-1:
        return -1
    else:
        return k

array=[2,6,7,3,9,98]
key=int(input(" 待查找的数是 :"))
n=sequefind(array,key)
if n==-1:
    print(" 未找到 ")
else:
    print(key," 是第 ",n+1," 个元素 ")
```

运行结果如图 8–41 所示。

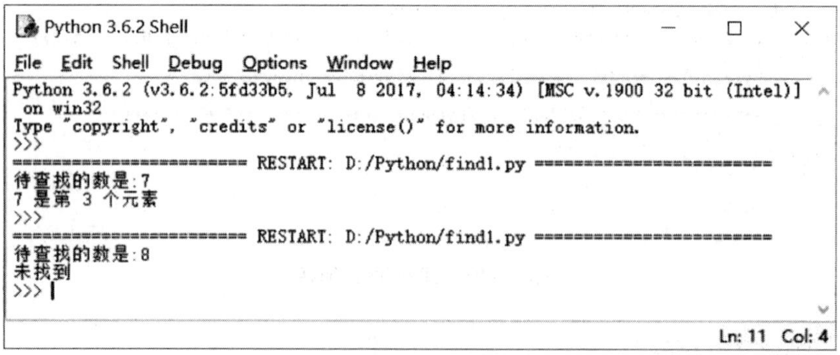
Python 3.6.2 Shell
File Edit Shell Debug Options Window Help
Python 3.6.2 (v3.6.2:5fd33b5, Jul 8 2017, 04:14:34) [MSC v.1900 32 bit (Intel)] on win32
Type "copyright", "credits" or "license()" for more information.
>>>
======================== RESTART: D:/Python/find1.py ========================
待查找的数是:7
7 是第 3 个元素
>>>
======================== RESTART: D:/Python/find1.py ========================
待查找的数是:8
未找到
>>>
Ln: 11 Col: 4

图 8–41 查找结果

（2）折半查找算法

折半查找算法也称二分查找算法，是在有序数组中用得较为频繁的一种查找算法。折半查找较顺序查找更优，因为这种算法每一次比较都使查找范围缩小一半。

基本思想：查找过程从数组的中间元素开始，如果中间元素正好是要查找的元素，则查找过程结束；如果待查找元素大于或者小于中间元素，则在数组大于或小于中间元素的那一半中查找，并同样从这一半的中间元素开始查找。若最后数组为空，则代表找不到。

运行过程：假设有序数组从小到大排列，找出位于数组中间的值（为便于表述，将该值放在一个临时变量 tmp 中），将需要找的数 key 和 tmp 进行比较。

① 如果 key 值大于 tmp，则把数组的中间位置作为下一次计算的起点，继续查找。

② 如果 key 值小于 tmp，则把数组的中间位置作为下一次计算的终点，继续查找。

③ 如果 key 值等于 tmp，则返回该元素下标，完成查找。

折半查找示例如图 8–42 所示。

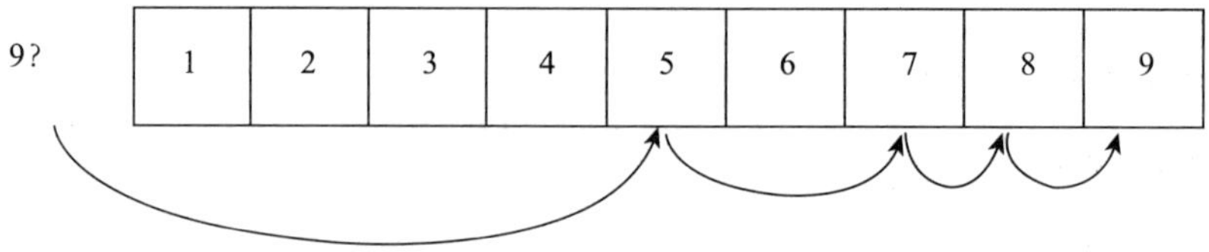
9?
1
2
3
4
5
6
7
8
9

图 8–42 折半查找示例

find2.py 的参考代码如下：

```
def halffind(list,x):
   low=0
   high=len(list)-1
   while low<=high:
      mid = (high + low)//2
      if x<list[mid]:
         high=mid-1
      elif x>list[mid]:
         low=mid+1
      else:
         return mid
   if low>high:
      return -1

array = [1,2,3,4,5,6,7,8]
key=int(input(" 待查找的数（1-8）是 :"))
n=halffind(array,key)
if n==-1:
   put(" 未找到！ ")
else:
   print(key," 是第 ",n," 个元素。")
```

8. 5. 3　顺序表的冒泡排序

冒泡排序（Bubble Sort）是一种典型的交换排序算法。

基本思想：从无序序列头部开始进行两两比较，根据大小交换位置，直到最后将最大（小）的数据元素交换到了无序队列的队尾，从而成为有序序列的一部分，然后继续这个过程，直到所有数据元素都排好序。算法的核心在于每次通过两两比较交换位置，选出剩余无序序列里最大（小）的数据元素放到队尾。

运行过程：比较相邻的元素。如果第一个比第二个大（小），就交换它们两个。对每一对相邻元素做同样的工作，则最后的元素会是最大（小）的数。针对所有的元素重复以上步骤，直到没有任何一对数字需要交换，则序列最终有序。

冒泡排序示例如图 8-43 所示。

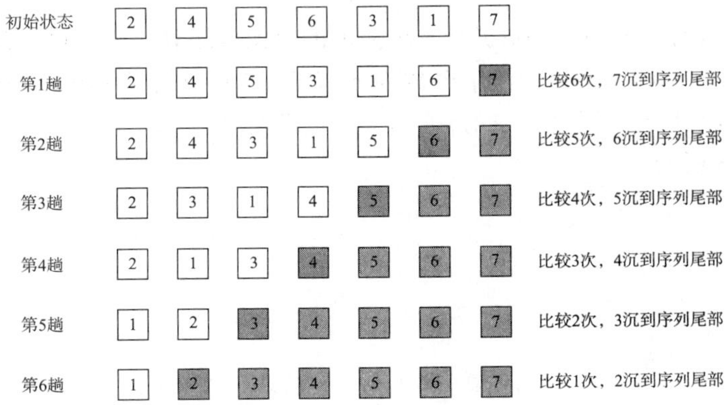

图 8-43　冒泡排序示例

bubble.py 参考代码如下：

```
def bubble(list):
    flag = True
    for i in range(len(list)-1, 0, -1):
        if flag:
            flag = False
            for j in range(i):
                if list [j] > list [j + 1]:
                    list [j], list [j+1] = list [j+1], list [j]
                    flag = True
        else:
            break
    print (list)

array = [2,4,5,6,3,1,7]
bubble(array)
```

运行结果如图 8–44 所示。

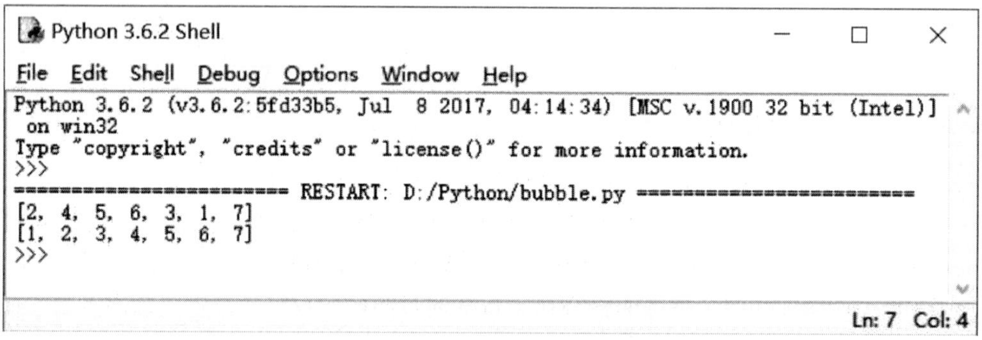
Python 3.6.2 Shell
File Edit Shell Debug Options Window Help
Python 3.6.2 (v3.6.2:5fd33b5, Jul 8 2017, 04:14:34) [MSC v.1900 32 bit (Intel)] on win32
Type "copyright", "credits" or "license()" for more information.
>>>
======================== RESTART: D:/Python/bubble.py ========================
[2, 4, 5, 6, 3, 1, 7]
[1, 2, 3, 4, 5, 6, 7]
>>>
Ln: 7 Col: 4

图 8–44　冒泡排序运行结果

8. 5. 4　单元实验

（1）用列表解析生成一个线性表，包含前 10 个整数（1~10）的立方。Python 中立方的运算符是 **。

（2）简单选择排序（Simple Sort）是一种典型的交换排序算法，通过交换数据元素的位置进行排序。方法是设要排序序列的记录个数为 n，i 为 1,2,⋯,n-1, 从 n-i+1 个记录（$a_i,a_{i+1},\cdots,a_n$）中找出排序码最小（大）的记录，与第 i（n-i）个记录交换。执行 n-1 次后就完成了记录序列的排序，如图 8–45 所示。

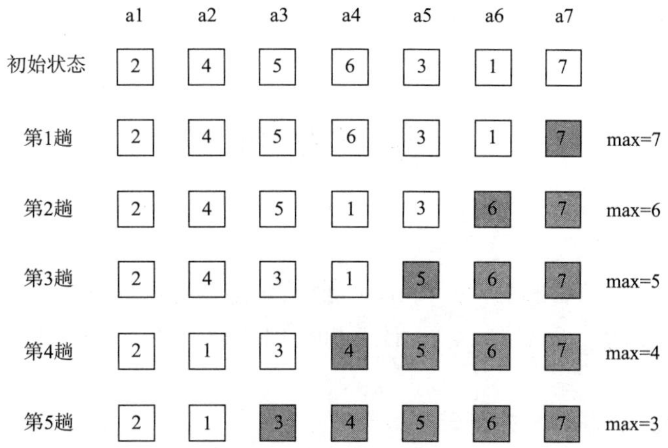

图 8-45 简单选择排序

编写程序实现简单排序算法。

参考文献

［1］龚沛曾 . 大学计算机基础［M］. 6 版 . 北京：高等教育出版社，2009.

［2］刘云翔，王志敏，黄春华，等 . 计算机应用基础［M］.3 版 . 北京：清华大学出版社，2017.

［3］陈伟，陆婷 . 大学计算机基础实践教程［M］. 南京：东南大学出版社，2016.

［4］神龙工作室 .Office2016 办公应用从入门到精通［M］. 北京：人民邮电出版社，2017.

［5］耿勇 .Excel 数据处理与分析实战宝典［M］. 北京：电子工业出版社，2017.

［6］ABRAHAMSILBERSCHATZ, HENRYF.KORTH, S.SUDARSHAN, et al. 数据库系统概念 [M]. 北京：高等教育出版社，2014.

［7］丁士锋 . Oracle 数据库管理从入门到精通［M］. 北京：清华大学出版社，2014.

［8］高英，张晓冬 . Access 数据库应用系统开发与实例［M］. 北京：人民邮电出版社，2006.

［9］李波 . MySQL 从入门到精通［M］. 北京：清华大学出版社，2015.

［10］曾宽，潘擎 . 抠图 + 修图 + 调色 + 合成 + 特效 Photoshop 核心应用 5 项修炼［M］. 北京：人民邮电出版社，2013.

［11］李金明，李金荣 . Photoshop CS6 完全自学教程［M］. 北京：人民邮电出版社，2012.

［12］唯美世界 . Photoshop CS6 从入门到精通［M］. 北京：中国水利水电出版社，2018.

［13］神龙影像 . Photoshop CS6 从入门到精通［M］. 北京：人民邮电出版社，2013.

［14］未来科技 . 中文版 Dreamweaver CC 网页制作从入门到精通［M］. 北京：中国水利水电出版社，2017.

［15］九州书源 . Dreamweaver CS6 网页制作［M］. 北京：清华大学出版社，2015.

［16］李静 . Dreamweaver CC 网页设计从入门到精通［M］. 北京：清华大学出版社，2017.

［17］文杰书院 . 新手学 Dreamweaver CS6 网页设计完全自学手册［M］. 北京：机械工业出版社，2016.

［18］胡晓霞 . HTML+CSS+JavaScript 网页设计从入门到精通［M］. 北京：清华大学出版社，2017.

［19］Elisabeth Robson,Eric Freeman. Head First HTML and CSS,Second Edition［M］. 北京：中国电力出版社，2013.

［20］刘宇宙 .Python 3.5 从零开始学［M］. 北京：清华大学出版社，2017.